多重宇宙

量子力學、超弦理論、9+1維度時空，
人類對**宇宙**的最新**真相探究**

野村泰紀——著　林怡君——譯

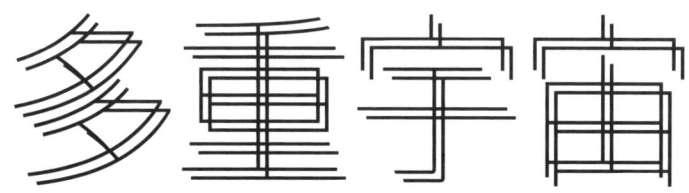

導讀：瘋狂的多重宇宙？

東海大學應用物理系教授
施奇廷

先提醒一下讀者：這是本瘋狂的科學書。

「多重宇宙」的概念，在好萊塢電影的推波助瀾下，已經成為眾所周知的名詞了。不過大家可能會這麼想：主角穿梭於不同宇宙之間，看到了自己的不同際遇——就娛樂來說是滿有趣的，但是這種誇張的設定都是唬爛的吧？

不過本書作者，加州大學柏克萊分校物理系的野村泰紀教授告訴我們，跟當前的物理學比起來，電影演的多重宇宙根本是小兒科。

故事是從諾貝爾物理獎得主溫伯格的想法開始：宇宙的各種物理常數，未免也太適合產生複雜豐富的結構了吧？從基本粒子、原子分子、乃至於星球、星系、銀河……甚至還有跟各位一樣，正在思考「宇宙到底是什麼」的人類。物理常數的值只要改變一點點，所有這些有趣的東西通通會消失，只剩下什麼都沒有的無聊宇宙。

為什麼物理常數會這麼剛好呢？萬能的造物者的精心設計？極端的巧合？這兩種想法都不合物理學家的品味，所以溫伯格提出了第三條路：事實上宇宙有非常多個，每一個的物理常數數值都不一樣，其中有一個宇宙的物理常數就是這麼剛好，所以一點也不特別。就像樂透的得主會覺得自己受到上天眷顧或是運氣超好，但事實上既然有幾百萬人買了樂透，當中有人中獎也是理所當然。

那麼宇宙到底有幾個呢？溫伯格估算了一下，提出了10的120次方（1後面120個零）這個數字。

這實在太扯了，一開始沒有人把他的想法當一回事，不過隨著理論、實驗與天文觀測的進展，物理學家發現宇宙的真相可能是：從原始宇宙誕生的「奇異點」開始，發生了「暴脹」，在極短的時間膨脹到極大，然後一個個的新宇宙從這個暴脹的「母宇宙」中像泡泡一樣的冒出來，每個泡泡（子宇宙，例如我們所存在的這個宇宙）又會膨脹到幾乎無限大的程度。

這樣的泡泡宇宙數量會有多少呢？根據「超弦理論」最保守的估計，有可能存在的宇宙總數可能多達10的500次方（1後面500個0）個！

物理學家正在思考的事，比好萊塢電影的內容誇張多了。

閱讀本書時就像搭乘雲霄飛車一樣刺激與驚奇，但也有可能引起暈眩不適的副作用。請各位讀者拋開各種常識與體驗的束縛，一起跟作者大開腦洞，在這個「包含無限宇宙的無限宇宙」中悠遊吧！

最後要提醒讀者的是：宇宙學在物理學中，屬於比較特別的分支，因為宇宙的誕生與演化只有一次無法重來，所以不可能有親眼目睹這個過程的「直接證據」，就像古生物學家只能靠化石來推斷恐龍的生態一樣，靠的都是歷史殘留下來的間接證據。也因此，並不像相對論、量子力學理論一樣已經受到絕大多數物理學家的認可，抱持著懷疑態度的人也不少，因為「沒錯，這個理論可以很漂亮的解釋『我們這個宇宙』所發生的種種事情，可是用的方法是要為此生出幾乎無限多個宇宙欸，這會不會太過大砲打小鳥了啊？」這種想法也不難理解啦。

所以當你在享受這本書的瘋狂內容時，請保持「這個理論真有趣，以後請給我更多的證據來證明它是對的吧！」的態度，這樣可以避免當你興高采烈的跟朋友分享這些有趣的內容，卻遭到「這些都是在唬爛」的白眼時，可能產生的心靈創傷喔！

前言

「多重宇宙」（multiverse）」，是相對於「universe（單一宇宙）」而誕生的一個科學術語。

儘管如此，「宇宙有很多個」這樣的想法，並不算是什麼新奇的觀點，也並非只存在於科學領域。若是不要考慮什麼形式，應該有不少人會說：「我早就這樣想過了啊。」

事實上，早在一九四六年於美國上映的電影《風雲人物》（It's a Wonderful Life）中，就已經描繪了與平行世界相關的多重宇宙觀。在很早以前，無論電影或漫畫等作品中，多重宇宙已算是常見的題材。

此外，即便統稱為「多重宇宙」，每個人心中的想象也可能千差萬別。對某些人而言的多重宇宙，對另一些人來說可能是完全不同的概念。

不過，多重宇宙在近年來之所以這樣備受矚目，並不是因為大家天馬行空地說著「可能有很多個宇宙喔～」而且聲量愈來愈大，並沒有這麼簡單。

至少在科學的語境中所談論的多重宇宙，多數建立在某個特定理論假設的基礎之上。

這個所謂的理論假設，是指一九八七年由美國物理學家史蒂文．溫伯格（Steven Weinberg）所提出的多重宇宙相關理論[1]。對於當時科學界長久以來無法解釋的一個謎團——「宇宙為何如此**完美地**適合人類生存」，他主張，其實可以藉由一個假設來解開，也就是「除了我們所認識的這個宇宙之外，還存在著許多不同種類的宇宙」。

這樣的多重宇宙論，在當時被視為極度不合常理，因此幾乎不被科學界理會。

然而在一九九八年，隨著驚人的「某項觀測事實」被發現，原本的那套「常識」被推翻了。

而正是因為這樣看似意外的事件，他當年的理論才得以在多年後重新被挖掘出來。

當我們在新的「常識」基礎上認真檢驗這個理論時，便會發現過去被認為最為「異想天開」的部分，其實在原本廣為人知的理論框架中，並非那麼不合理。

此外，也有其他理論顯示，只要打破「我們所處的宇宙就是全部宇宙」這種「定見」，便能合理地解釋溫伯格所提出的多重宇宙論。

隨著各種拼圖逐漸拼湊在一起時，有愈來愈多的科學家認為「多重宇宙」是必然的存在。當然，寫下這段文字的我，也是其中一人。

一九二九年，美國天文學家愛德溫·哈伯（Edwin Hubble）成功觀測到「幾乎所有的星系都在遠離地球，而且愈遠的星系移動得愈快」。

這正意味著「宇宙正在膨脹」。

換句話說，這是一個將當時的常識：「宇宙是靜止不變的」，完全推翻的驚人發現。

然而，或許有一個人會對這個發現最感到驚訝。

他就是大名鼎鼎的阿爾伯特·愛因斯坦（Albert Einstein）。

1 審訂註：有關「科學語境所談論的多重宇宙多數建立在溫伯格的理論假設基礎之上」，其實量子力學的「多世界詮釋」（Hugh Everett III, 1957），比溫伯格的理論還早，不過這兩個多重宇宙講的是不同的東西就是了。

因為這個發現，正是他在一九一六年完成的「廣義相對論」早就提出的「解答」。

即使如此，他並沒有大喊「太好了！」來表達興奮。

因為，這個「解答」在當時實在不合常理，連愛因斯坦自己都無法接受，甚至還因此對被譽為「物理學史上最美的理論之一」的廣義相對論進行了不必要的修正。

據說在得知哈伯的發現後，愛因斯坦曾表示：「試圖修正那套理論，是我人生中最大的錯誤。」這則軼聞是否屬實無從考證，但他深感後悔應該是無庸置疑的。

但是，這正是科學。

當大家深信不疑的常識受到理論或實驗的質疑，之後又透過觀測等新發現來證實新理論的正確性，這個過程不斷地重複。

換句話說，正是因為能夠以這種方式打破常識的藩籬，科學才有了突飛猛進的發展。

多重宇宙的宇宙學也經歷了同樣的發展過程。

雖然還無法說它已被確立為一門精密的科學，但至少對我個人而言，已能感受到它正逐步朝那個方向邁進。

本書將帶領讀者認識多重宇宙的宇宙學那段曲折而獨特的發展歷程，並傳達有別於科幻作品、具有明確科學動機的圖像。此外，也希望將宇宙這個看似困難的主題，讓所謂的文組背景讀者們也能輕鬆愉快地閱讀。為此，我盡可能避開複雜難懂的內容，力求以淺顯易懂的方式來解說。如果你對書中省略的部分也感興趣，想進一步了解更詳細的內容，誠摯推薦參考我的其他著作：《為什麼宇宙會存在？現代宇宙學入門》（講談社Blue Backs）與《多重宇宙的宇宙學導論：我們為什麼會存在於〈這個宇宙〉？》（星海社新書）。

那麼，就讓我們一起出發，踏進多重宇宙的宇宙學的世界吧！

目次

第1講　究竟什麼是多重宇宙？

第2講 過於完美的宇宙之謎

第3講 被預言的多重宇宙的存在

第4講 數不盡的泡宇宙

第5講 多重宇宙的宇宙學現況

第6講

娛樂作品中的多重宇宙

第1講

究竟什麼是多重宇宙？

宇宙的結構「幾乎是均勻一致」，曾經以為那就是全部了

所謂的「多重宇宙」，簡單來說，就是「我們以為的宇宙，其實並不是宇宙的全部」這麼一回事。

若要談論這個主題，首先得釐清，我們「以為的宇宙」到底是什麼？在討論科學時，清楚定義每個詞彙的意義，是非常重要的一件事。

舉例來說，假設你一直往宇宙深處前進，最後遇到某種像是「盡頭」的地方。然後在那個盡頭，發現有一大片像是綠色果凍的東西。這時，你或許可以說宇宙的盡頭是「綠色果凍」。但如果我們把那片綠色果凍也包含在「宇宙」這個定義裡，那麼就不存在有宇宙的「盡頭」或「宇宙之外」這回事了。

同樣的，當我們說有多個宇宙，例如兩個或三個，如果把這兩個或三個全都統稱為「宇宙」，那麼根據詞彙的定義，宇宙還是只有一個。如此一來，多重宇宙——有許多宇宙的意思——的這個詞彙本身，就沒有意義了。

因此，首先必須先釐清，究竟要把什麼範圍稱做「宇宙」。

我們所居住的地球，不過是太陽系中眾多的行星之一，這一點自哥白尼與伽利略的時代以來就已為人所知。而太陽，也只是銀河系中無數的恆星之一；甚至連這個銀河系，也只是眾多銀河中的其中之一，這都是20世紀初就已經知道的事。

在過去這100年間物理科學有了戲劇性進展，更明確揭示宇宙正在膨脹，而且無論走到哪裡，其結構幾乎都會以相同的樣貌重複出現，從觀測上來看，整體幾乎是均勻的。

所謂「從結構觀測上看來是均勻的」，指的是我們用粗略的大尺度角度來觀察宇宙。當然，在星系中，因為有大量星體聚集，物質密度會比周圍高出許多；而星系與星系之間的區域幾乎是空無一物，那裡的密度自然就低很多。然而，由於宇宙實在太過龐大，若從更遠的尺度來看，這些細部的密度差異會被平均化，看起來就像是均勻一致的。

從這個意義上來說，當我們討論宇宙整體的形狀、整體性質，或者歷史時，就可以說「平均來看，各處都差不多」。也就是說，說宇宙是均勻的也不為過（見圖1）。

此外，從觀測結果來看，宇宙中無論哪個地點，看起來似乎都遵循相同的物理定律。例如，我們周遭的物質都是由原子核與其周圍的電子所組成的，而這一點不僅適用於我們這裡，也同樣適用於仙女座星系（距離地球約250萬光年，是肉眼可見最遠的天體），甚至更遠的區域也是如此。這些原子核與電子的性質，例如質量等，在這個均勻的宇宙中的各處都是一樣的。

無論如何，這就是過去約100年間，科學所逐步建構出來的宇宙圖像。換句話說，這也就是「我們稱之為宇宙的範圍」。

然而，隨著我們對宇宙的理解愈來愈深入，人們逐漸意識到，如果就此認定目前觀察到的結構就是全部，那麼有些現象就會變得難以解釋，或說總有哪裡說不通。

正因為這樣的背景，「我們所稱的宇宙範圍」，更具體來說，「我們一直以為就是整個宇宙的這個範圍」之外，或許還存在著其他的世界。也就是說，有沒有可能

圖1　宇宙的結構從觀測上來看均勻一致

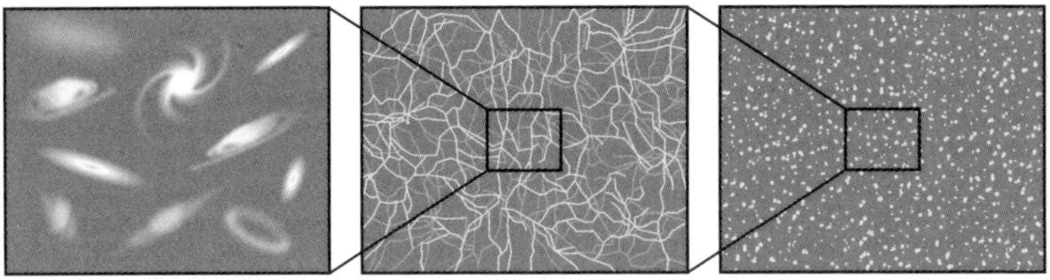

存在與我們這個宇宙不同的其他宇宙？基於這樣的思考，所謂的「多重宇宙的宇宙學」開始在科學界中被認真地討論起來。

是否「只有歷史不同的宇宙」？

還是「連物理定律都不同的宇宙」也存在？

本書從這裡開始，將把「我們曾以為是整個宇宙的範圍」稱為「我們的宇宙」，而將其他宇宙簡單地稱做「宇宙」。此外，把「我們的宇宙」包含在內的更大區域，也會稱為「宇宙」，以方便接下來的敘事。

雖然「多重宇宙」這個詞是一個總稱，但它實際上涵蓋了許多不同的可能性。而在探討這些可能性時，有兩個非常重要的觀點。

第一個觀點是：構成多重宇宙的其他宇宙，「究竟是什麼樣的宇宙」？

構成物質的最小單位稱為基本粒子，我們身邊大多數的事物，都是由目前已知的17種基本粒子所構成。包括原子、分子乃至於生命，全都是這些基本粒子的結構所組成。我們人類、我們擁有的物品、我們所居住的地球、月球、木星、太陽，甚至是形成其他銀河系的事物，如果把宇宙中存在的所有東西不斷往更微小的層次解構，最終都可以追溯到這17種基本粒子。想到這麼廣大的宇宙，竟然只是由17種基本粒子所構成，實在令人驚訝。

此外，這些基本粒子的質量，以及它們彼此之間的交互作用強度，無論在宇宙的哪個角落都是一樣的。因此，我們能夠以稱為「標準模型」的理論，幾近準確地描述我們觀測到的宇宙中發生的各種現象。就像前面提到的，這些可以用「標準模型」精準描述、並且遵循相同物理定律運行的區域，就是「我們的宇宙」。對於初次接觸宇宙學的人來說，這一點或許難以置信，但這正是理論物理學的了不起之處。

事實上，除了這17種基本粒子外，還存在著一種被稱為「暗物質」的粒子，其真實面貌尚未完全被解開；此外，宇宙初期所發生的一些現象也無法完全用標準模型來解釋。因此，若要更精確地描述宇宙，這套「標準模型」理論也必須擴展開來，將暗物質等因素納入考量。暗物質這個聽起來像是科幻小說裡才會出現的粒子，後面會再詳加說明，請先在腦中記住這個名字。

回到其他宇宙這個議題。首先可以討論的是，那些宇宙也與「我們的宇宙」一樣，遵循相同的標準模型。也就是說，它們也有可能遵循相同的物理定律。在這種情況下，其他的宇宙這個概念依然成立。這是因為，即使物理定律相同，也可能有「歷史不同」的宇宙存在。

或許大家都曾經想像過，如果當時沒有遇見那個人、如果那件事沒有發生、如果做了那件事或是沒做那件事，或者如果當初選擇了另一條路，自己的人生會變成什麼樣子？放大到整個歷史脈絡來看，如果第一次世界大戰或第二次世界大戰的結果不同，那麼現在的世界也將截然不同。

這樣的宇宙，即便與我們的宇宙遵循完全相同的物理定律，也可以被稱為另一個宇宙。換句話說，就算物理定律相同，但只要偶然發生了不同的事件，也有可能形成一個全然不同的宇宙。

更進一步，我們也可以思考：是否存在連物理定律都不同的宇宙？例如：電子的質量不同的宇宙；甚至不只是電子，所有基本粒子的質量都不同的宇宙；再更進一步想像，連粒子的電荷等性質都不同的宇宙。

不僅如此，在這樣的宇宙中，存在的力的種類也可能不同。在我們的宇宙中，已知的包括與電與磁有關的電磁力、與原子核相關的「強力」與「弱力」，但在其他宇宙中，這些力可能不存在，或即便存在，性質也可能完全不同。甚至，也可能存在我們這個宇宙中根本沒有的力。

除此之外，像是我們的宇宙裡習以為常的事，例如空間有3個維度這件事，在其他宇宙中有可能是不同的也說不定。

如果真有這樣的事，那麼那些宇宙便將與我們的宇宙完全不同。一旦我們可以接受其他宇宙的物理定律可以不同，那麼，那些宇宙的歷史與我們的宇宙不同，也是很順其自然的想法。

因此，若我們從多重宇宙的多樣性來看，問題不在於「歷史不同」還是「物理定律不同」，而是「是否只有歷史不同的宇宙存在」，還是「連物理定律都不同的宇宙也存在」，應該從這兩種可能性來思考。

如果是後者，那麼物理定律究竟可以改變到什麼程度，便成了重要的問題。改變的範圍是否僅限於基本粒子與力的性質？空間的維度是否也可能不同？甚至連像是相對論與量子力學這些看似最根本的原理，是否也有可能不同？這些問題，將會直接影響我們如何描繪與理解多重宇宙的樣貌。

位於不同的時空位置或不同維度的宇宙，都是可能存在的

在談論「多重宇宙」的各種變化時，另一個重要的觀點是：這些「其他的宇宙」究竟是以什麼意義「存在」。換句話說，「它們是以什麼樣的方式存在著」？

前面我提過，宇宙大得不可思議，無論走到多遠，其結構幾乎都是均勻一致的……如果真是這樣，那麼在極其遙遠的某個地方，或許存在著一個與我們的地球、太陽系、銀河系幾乎一模一樣的地方，只不過，那裡的世界可能擁有與我們略有不

同的歷史發展。

又或許宇宙並不是從頭到尾都完全一樣的，也可能在某個地方啪的一下出現轉變點，從那之後就是一個完全不同的世界，例如基本粒子的種類或質量都不同的世界。

這種情況指的是，不同的宇宙「在空間上」存在於不同的位置。當我們談到「其他宇宙」時，多數人最容易想像的，或許就是這種情形。

然而，「其他宇宙」的存在形式，絕對不只這些。

舉例來說，一般認為「我們的宇宙」開始於大約138億年前，既然它有一個誕生的瞬間，那麼在此之前，也許還有另一個宇宙曾經存在。又或者有個可能，有一天「我們的宇宙」迎來終結，然後之後又會誕生一個新的宇宙。這種情況就是，有好幾個宇宙「在時間上」存在於不同的位置，而這也可以被視為「另一個宇宙」的一種樣態。

不過更進一步來說，在宇宙學的世界中，「在空間上不同的宇宙」與「在時間上不同的宇宙」彼此之間密切相關，從本質上來看也可以說是同一回事。

這裡所牽涉到的，是愛因斯坦於一九一六年提出的「廣義相對論」。所謂廣義相對論，是在他一九〇五年發表的「狹義相對論」基礎上，將牛頓的重力理論加以擴展，而不至於互相矛盾。

宇宙學這門學問，若沒有廣義相對論則無法成立；而廣義相對論提出了一個核心概念，那就是將時間與空間視為一體，即「時空」的概念。

因此，從這個意義來看，「在空間上」不同的宇宙與「在時間上」不同的宇宙」，都可以視為是「存在於不同時空中」的宇宙。

除此之外，也有可能存在著「其他維度」的宇宙。

我們認為自己生活在一個由3個空間維度與1個時間維度構成的4維世界（時空）中。這意思是說，只要明確指定一個空間座標（x、y、z）和時間（t），就可以準確地決定某件事情發生（或發生過）的那個「時刻與地點」。

換句話說，當你想與某人會面時，不只要約定好地點，還必須約定好時間。就算地點約得再準確，可能有人隔天到、有人一週後到，這樣當然碰不上，所以必須同時指定 x、y、z 和 t 這四個條件才行。

這種認知對我們而言是非常自然的，也因此，很難想像在這之上還存在更多的維度。

但要注意，「難以想像」並不代表「不存在」。這個世界上有許多事物，是我們無法輕易地想像，卻真實的存在。

舉個例子。假設有某種生物是住在一張薄紙上的平面國人（Flatlandman），他們只能在那張紙的表面活動，那麼他們肯定會誤以為自己所處的世界是 x、y 加上 t 的 2＋1 維度世界。

然而，對從外部觀看那張紙的我們來說，很清楚紙的垂直方向還有一個 z 軸的空間存在。這時我們可能會想告訴他們：「因為你們住在一張薄膜上，所以沒注意到，其實世界是 3＋1 維度喔」。

但是對於那些住在紙上的平面國人來說，他們根本無法察覺 z 軸的存在，甚至可能從來沒想像過這件事。因為對於居住在薄薄的紙張上、自己身體也扁平如紙的平面國人來說，很難感知到那個垂直的維度。

也就是說，我們人類也可能因為被限制在xyz＋t的3＋1維度時空中，而無法察覺、無法想像，其實還有可能與我們的世界垂直的其他維度存在。而在那個維度上稍微偏離一點的地方，或許存在著另一個和我們一樣是3＋1維度的宇宙。

有一種假說認為，在比我們所覺知到的更高維度的時空中，有許多像「我們的宇宙」那樣的膜被嵌入其中。這種理論被稱為膜宇宙或膜世界。存在膜上的一切都被限制在這個膜上，因此無法和其他膜所構成的世界自由往來，也許就在「我們的宇宙」的極近處，就存在著許多其他的膜宇宙也說不定。

當然，也有可能這些膜宇宙是存在於相同的3＋1維度時空內某個非常遙遠的地點。或者在某個地點只有兩張膜，其他地點則可能有2張、3張膜在更高維度的方向上重疊存在。也就是說，之前提到的兩種類型的多重宇宙可能性，其實並不一定彼此矛盾，而是有可能同時成立的。

「以機率的方式同時存在」的量子力學觀點

說到物理定律，或許很多人會馬上聯想到牛頓定律，但其實「我們的宇宙」並不是依照牛頓定律在運作，而是遵循一個名為「量子力學」的理論。當然，這並不表示牛頓力學是「完全錯誤」的。對我們日常生活相關的尺度來說，量子力學特有的性質難以被感知，牛頓力學則已經足夠使用。也就是說，牛頓力學是適用在我們生活尺度上有效的近似定律。

量子力學之所以變得重要，主要是在描述極微觀世界（例如基本粒子的世界）時，量子力學預言了許多與我們常識相悖的現象。這些現象乍聽之下相當天馬行空，但如今透過各種實驗已經被明確證實為科學事實。而我們日常使用的智慧型手機等科技裝置，也是根據量子力學的定律在運作的。

根據量子力學，所有的物質本質上都是一種被稱為「量子」的奇特存在，它同時具有「粒子的性質」與「波的性質」。在量子力學的諸多特徵中，其中一項重要性質是，量子會「以某種機率同時存在於多個位置」。這種狀態，通常被稱為「疊加態」。

電子是量子中具代表性的粒子之一。

在高中所學的牛頓力學中，我們會說電子在這裡或在那裡，但實際上並不能這麼說。因為電子是同時擁有「波」這種具有擴散性質的量子，所以從原理上來說，是無法描述電子在某個時間點確切存在於某個區域中的哪個位置。

當然，像我們這樣由眾多（量子化的）粒子組成的物體，由於量子力學的效應會被平均抵消掉，因此可以近似地使用牛頓力學來描述；但對像電子這種極小的粒子而言，就無法這樣處理了。

具體來說，量子力學的方程式所描述的，是「**傾向於**出現在這一帶」，這種存在的機率分布是以「波函數」來表示。簡單來說，電子是以一種「波～波～波～」像波動的狀態存在著。

不過，實際做實驗去觀測時，電子並不是像「波～波～波～」那樣擴散開來被看見，而是在觀測的那一瞬間，可以確實地發現，在某個特定位置上，存在著一個沒有體積的粒子。而再以完全相同的狀態重新做實驗進行觀測時，電子又會出現在跟剛剛不同的位置。如此反覆做第三次、第四次、第五次……每次都會看到那顆沒有體積的粒子，出現在不同的位置。

順帶一提，所謂「沒有體積的粒子」，是指它小到無法看見內部構造的程度。換句話說，請你把它想像成是超超超超小的粒子。

接著，如果反覆多次進行這種觀測，並將電子出現的位置繪製成機率分布圖，就會發現這個分布圖與量子力學公式所預測的存在機率（波函數）完全吻合。也就是說，「電子能夠以機率性的方式，同時存在於複數個位置」，這一點不論是從理論上還是觀測上來看，都是無庸置疑的事實。

而這可以被解釋為：「電子在這裡的世界與電子在那裡的世界，這兩種世界同時存在。」

如果你是那種擅長從語文的角度思考事物的人，可能會對這種解釋感到質疑，覺得有些牽強。不過，這個說法在物理學上是有明確根據的。

簡單來說，用來描述「電子能夠以機率性的方式，同時存在於複數個地方」的數學公式，和用來描述「電子在這裡的世界與電子在那裡的世界，這兩個世界同時存在」的數學公式，其實是一模一樣的。也就是說，對這個量子力學上的事實，要怎麼表達，只是語言表述的差異罷了。

事實是，在量子力學的世界中，這種「狀態的疊加」確實會發生，而且這種現象也已經被數學公式精確地描述了。

在量子力學中，不同的世界會分歧開來，並持續同時存在

量子力學的數學公式預測：「電子在右邊的世界」與「電子在左邊的世界」這兩個世界會同時存在。

不過，當我們實際觀察時，電子總是出現在右邊或左邊的其中一方。因此，以前人們會認為，觀測者本身是一種刺激，會導致電子的狀態被固定在某一方。這種現象稱為「狀態的塌縮」。

但後來量子力學的數學公式暗示，這兩個世界會並行且持續存在。也就是說，即

使觀測者觀察到電子在右邊，那個世界中的電子接下來就會一直在右邊；但與此同時，根據某種機率，也有一個世界的觀測者第一次觀察時電子出現在左邊。因此，量子力學的數學公式[2]指出，這兩個世界都會持續存在下去。換句話說，當有不同的觀測結果發生時，每一種可能的結果都會對應產生一個新的世界，這些世界會同時存在並持續下去（如圖2，頁35）。

「難道不是方程式錯了嗎？」可能很多人會無法理解，但是這個方程式正在被高精度地驗證中。或許很多人會覺得匪夷所思，但你現在能使用iPhone或iPad等最新的尖端科技，正是因為量子力學的方程式正確無誤。事實上，量子力學的方程式可以

2 審訂註：量子力學的數學公式，也就是有名的「薛丁格方程式」，用「波函數」來描述、預測微小粒子的運動狀態，但是對於「波函數到底是什麼」，從方程式中是看不出來的，因此出現了各種的詮釋，主流的解釋（也就是標準的量子力學課程中所使用的）是「哥本哈根學派」的「機率」與「波函數塌縮」的解釋；多世界詮釋是近年愈來愈受重視的另一種詮釋。嚴格來說，量子力學的公式並沒有明說「世界會並行且持續存在」，而是這一派的學者用「多世界並行」來詮釋量子力學公式的數學解所對應的意義。
本書以「多重宇宙」為主題，所以多是採用「多世界詮釋」來闡述量子力學，這對於熟悉哥本哈根學派機率詮釋的讀者而言，可能會覺得「卡卡的」，可能需要調整一下思考的習慣，才能好好享受這本書。

說是無誤、確定的。

當然，這類事情在牛頓力學中是不會發生的，對一般人來說要理解確實很困難。畢竟量子力學本來就是物理學中特別難以直覺理解的領域，據說連天才愛因斯坦一開始也無法接受這個原理，所以你若覺得難以理解，也完全不需要氣餒，這是再自然不過的事。

事實上，即使是物理學家，也無法「直觀地」理解量子力學。儘管如此，他們熟知數學公式，並且通過這些公式進行實驗，（以機率的方式）完全預測實驗結果，而且至今所有的實驗結果都驚人的與這些預測一致。物理學家所說的「理解」，指的是基於數學公式和實驗結果的理解。

所以，大家如果在這裡太過於執著要依靠感覺來理解，可能會讓思緒陷入迷宮，反而更難理解。與其過度思考，不如自然地接受「原來真有這樣難以置信的事物存在」，可能會比較輕鬆。

無論如何，世界不斷分化成不同的世界的想法，正是由休・艾弗雷特（Hugh Everett）於一九五七年提出的「多世界詮釋」概念。如果把世界換成宇宙，不正是所

圖2　不同的世界同時存在的量子力學思考法

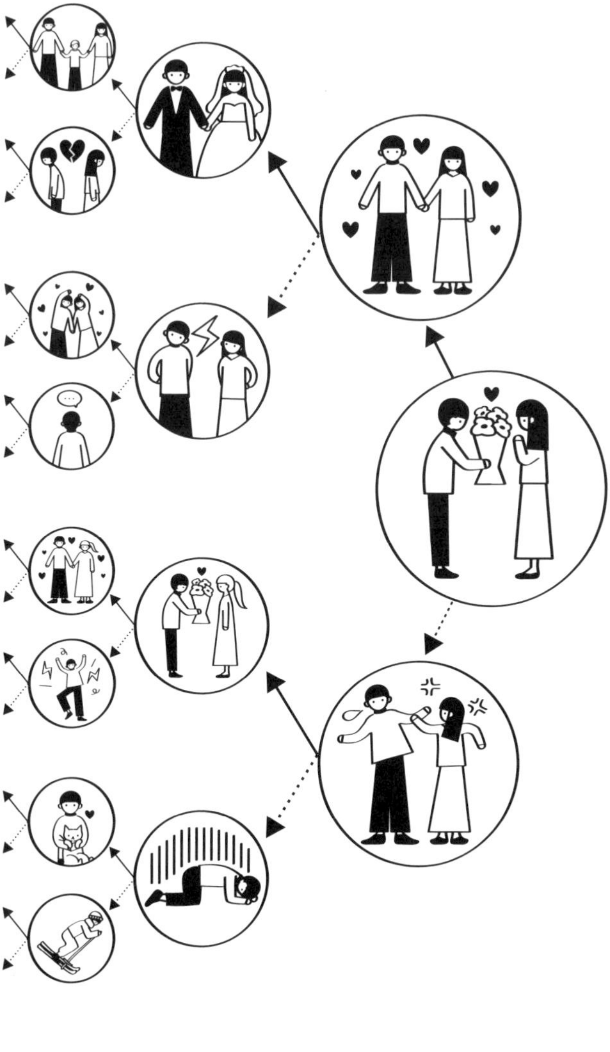

謂的多重宇宙嗎。

從這個意義來看，這類多重宇宙的現實性，早在量子力學方程式確立100多年前，就已經被提出來了。

不同宇宙之間互相干涉的可能性幾乎為零

那麼，假如「我們的宇宙」之外真的存在另一個宇宙，不過彼此之間無法互相觀察、也完全沒有任何關聯，那麼在科學上就無法進一步的檢驗，就只能算是科幻小說了。

不過實際上，量子力學中重疊分化的現象已經被證明是可以透過精確的控制和操作來相互干涉，而對於像電子或原子這樣的小型物體，已經不再是科幻小說中的內容，而是進入了科技領域。你可能聽過「量子電腦的實用化即將到來」這樣的說法，也就是說，量子電腦正是將量子力學中平行宇宙的概念應用於科技領域的實例。

如果要問我們是否能夠自由地在平行宇宙之間來回穿梭，可以斷言那幾乎是不可能的。

理由很簡單，因為在自然界中，不同的宇宙之間「互相干涉」是非常難以發生的。舉個例子，假設我們讓兩個世界中的氫原子位於不同的地方，並使它們發生干涉。氫原子由陽子和電子組成，若要相互干涉，陽子和電子都必須同時發生干涉。如果單個粒子的干涉機率是10％，那麼這種干涉的機率就會是10％×10％，也就是1％的機率會發生。以下類推，如果要讓3個粒子發生干涉，那麼機率就會是10％×10％×10％，也就是0.1％的機率。

就像這樣，構成物體的基本粒子的數量愈多，干涉的機率就會愈來愈低。提到人類的身體由多少個基本粒子組成，那大約是1後面跟著25個或26個零，這是一個極其巨大的數字。也就是說，若某人同時處於不同的地點或擁有不同的記憶（也就是構成大腦的基本粒子排列不同），彼此世界之間發生干涉的機率，將會是相對應粒子數量每個乘以10％，而這樣的機率幾乎等於零。換句話說，說「不會發生干涉」是完全沒有問題的。

總而言之，當物體的數量愈多時，量子力學的效應會逐漸消失。這也是為什麼我們能夠忽略量子力學，並且在處理一般物體時，僅使用牛頓力學就能夠非常精確地描述這些物體。

即使是與宇宙相關的問題，像是如何讓太空梭飛行這樣的問題，牛頓力學和更精確的廣義相對論就足夠了。雖然量子力學的效應嚴格來說不是零，但由於太空梭非常巨大，其影響會被大幅削弱而接近零。因此，即便忽略量子力學的影響，也不會引發任何問題。

量子力學和廣義相對論的矛盾由「超弦理論」解決

雖說我們的日常生活中牛頓力學就已經足夠了，但宇宙運行的根本原理仍然是量子力學。更確切地說，自然界的普遍性理論是量子力學。

然而，量子力學對於多重宇宙能夠做出的預測，只有除了「我們的宇宙」以外還可能存在歷史不同的平行宇宙，指出這些宇宙在機率上是可能存在的。但是，對於其他的宇宙具體的位置，或它們如何形成等問題，量子力學並不能解答。為什麼呢？根本原因是，這裡並沒有將「重力」這個重要的因素放進去。

在這一講的一開始提到過，我們能觀察到的宇宙中的所有現象，幾乎都可以用被稱為「標準模型」的基本粒子理論準確地描述。在處理像基本粒子這樣極小的物體時，必須使用量子力學來正確處理。也因此，標準模型理所當然是在量子力學的基礎上進行公式化的。

另一方面，重力的大小與質量成正比。而基本粒子的質量非常微小，甚至可以說是微不足道。例如，電子的質量為9.1093837×10^{-31}公斤，這個數字的第一個數字在小數點後的第31位。因此，在處理這樣的粒子時，重力的影響可以完全忽略不計。

這正是為什麼我們可以在沒有考慮重力效應的情況下，用標準模型準確描述宇宙的微觀結構的理由。

然而，重力在自然界中確實存在。因此，儘管在現實中不需要考慮，大家或許會認為，在描述標準模型等微觀世界的理論中，還是應該加入重力的影響會比較好。

確實是如此，但是，如果單純將重力納入量子力學的理論中，會導致理論出現破綻，變得毫無意義。因此，直白地說，為了避免理論崩塌，我們暫時忽略重力的問題，這就是理論物理學的發展過程。

然而，毫無疑問重力是存在的，且當物體的質量增大時，重力的影響會變得更為重要。因此，在處理大規模物體時，我們會使用精確描述重力的廣義相對論來進行描述。然而相反的，這個理論中並沒有包含量子力學。如果我們嘗試將量子力學納入廣義相對論中，也會變得無法順利運行。

由於無法解決這個問題，目前在處理宇宙的微觀領域時，會使用量子力學的標準模型理論；而在處理宏觀領域時，則使用廣義相對論，這樣強行將兩者結合使用來應對問題。無論如何，宇宙運行在量子力學的規律下，重力的存在是不容置疑的。

因此，將它們統一成一個理論是必須的，這一點是確定的。

然而，儘管進行了各種嘗試，始終無法順利實現。

不過，在這樣的過程中，透過某種奇特的方式將兩者結合起來，終於出現了一種如同穿針引線般完美解決的可能性。

那就是被稱為「超弦理論」的理論。

超弦理論的核心概念，簡單來說，就是將過去認為物質會愈來愈細小，最終會變成粒子，也就是點的觀點，改為「不對，最終應該是弦」這樣的看法。

或許你會覺得這也太莫名其妙，但如果以這個前提來思考，重力可以無矛盾地融入量子力學中。而且，不僅如此，超弦理論甚至將重力視為必須存在的一個要素。

事實上，這個理論自一九八〇年代以來一直被積極研究，儘管現在仍然無法保證它絕對正確。然而，至少現實中可以檢驗的問題已經都解決了。而且截至目前，能夠將量子力學和重力結合的理論，事實上除了超弦理論以外並不存在。

為什麼突然提到超弦理論呢？那是因為當我們研究這個理論的方程式時，會發現有大量與「我們的宇宙」不同的「解」出現。而在那些不同的宇宙中，像是基本粒子的種類、質量，甚至是真空的能量密度等，都與我們的宇宙有所不同。

此外，維度不同也是可能的。實際上，這個理論本身就是建立在我們無法覺知的維度存在的前提上，因此在超弦理論中，膜宇宙這個結構的存在也是理所當然的。

更進一步說，如果這個理論是正確的，那麼宇宙只有一個的可能性幾乎是不存在的。

換句話說，根據超弦理論，像我們前面所提的，不僅是歷史不同，還有基本粒子的種類、質量、真空能量密度，甚至空間的維度都不同的宇宙，這些混亂交錯存在的多重宇宙，都會自動成為方程式的解。

第2講

過於完美的宇宙之謎

我們的宇宙的物理定律為什麼對人類如此有利？

在第1講中談到，如果採用超弦理論，就會自動得出「不僅歷史不同，基本粒子的種類、質量、真空的能量密度，甚至空間的維度也不同的宇宙，彼此會混亂交錯存在」這樣的結論。

然而，關於「或許宇宙有很多個」的討論，其實是從另一個地方開始的。一切的起源來自於，為什麼「我們的宇宙」看起來「讓人無法置信地過於完美」這個疑問。

我們的宇宙過於完美的事實，最明顯地體現在被稱為真空能量密度的數值上，不過這部分稍後再討論。首先，簡單講一下基本粒子的結構。

「我們的宇宙」中有100多種原子。

要說為什麼會有這麼多種類，那正是「我們的宇宙」所擁有的基本粒子種類、質量等的數值。如果不從所有可能性中選擇這個「特定的數值」，就無法與我們的宇宙擁有相同的結構。

在第1講中提過，宇宙中所有的現象幾乎可以用標準模型的數學公式來正確描述。

事實上，標準模型中存在20到30個參數（變數），但這些參數無法由標準模型的理論來確定。

而近年來，我們已經能夠透過模擬來探討，如果這些參數的數值，也就是基本粒子的質量或性質發生改變，會變成一個怎樣的宇宙。

結果發現，若其中的一些參數發生改變，即使只是稍微偏離前面所說的「特定的數值」，宇宙的結構可能就會發生巨大的變化。可知這些「特定的數值」有多麼特殊重要。

舉例來說，標準模型中有一個叫做「希格斯玻色子平方質量」的參數，理論上這個參數的範圍可以比實際觀測值大好幾十位數，並且可以取正數或負數。然而，只要這個參數比觀測到的值稍微偏移一點，存在的原子種類就會突然減少到只有一種。

如果宇宙中只存在一種原子，那麼幾乎可以說是什麼都沒有的世界。可以說是一個無聊的宇宙，至少不可能形成能夠孕育生命的複雜結構。

總之，如果「我們的宇宙」不是擁有了這個「特定的數值」，那麼像我們的宇宙這樣擁有複雜結構的世界很有可能無法誕生。

「說真的，那不就是單純地剛好是那樣嗎？」也許會有人這麼認為。

即使是「碰巧」，但如果精度極高的話，要實現這件事其實是非常困難的。請想像一下射飛鏢。

一般來說，只要進入一定範圍就會中標；但若非如此，而是畫上一個非常小的點，然後把它當作靶心。

而且，投擲的飛鏢只有一支。

你覺得那支飛鏢有可能**剛好**命中那個小點嗎？

況且，僅是稍微偏離一點點也不行。只要有一點點偏差，就無法形成這樣有著複雜結構的宇宙了。

因此，如果僅僅是投擲一次飛鏢就精確地擊中靶心，那麼自然會被認為有某種機制在背後運作。正常情況下，尤其是對科學家來說，大家都會想去尋找這個機制。

因此，當我們開始思考這個「特定的數值」的含義時，討論的焦點轉向了探索「為什麼會變成這個特定的數值」的機制，但這點我們還無法理解。

例如，從實驗中我們已經知道，基本粒子的質量絕對值有0.002、0.005、0.0094、1.67、4.78、173……，這些數值看似完全隨意，並且它們的分布也不像有某種機制在運作。

儘管如此，如果不是這個「特定的數值」，那麼宇宙將變成什麼東西都沒有。看起來物理定律彷彿像是被極其巧妙地選擇，使得宇宙以這個「特定的數值」構成，並且以對我們人類有利的方式運作（也就是說，讓像我們這樣的生命體能夠誕生）。

這些物理定律當然不是人類決定的。我們人類只是為了理解宇宙，通過標準模型的方式「解明」了這些定律。

因此，即使假設真有某個「什麼」決定了這些定律，那個「什麼」也不會特別在乎人類。畢竟從宇宙的角度來看，人類不過是微不足道的存在，物理定律怎麼可能會特意迎合我們呢？無論怎麼想都是不可能的。現代的科學正是靠著採用「哥白尼原則」，也就是認為人類在宇宙中「並不特別」來發展的。如果認為地球是宇宙的中心，或者認為宇宙是為了人類而存在，那麼科學就無法進步了。

儘管如此，包括遠在天邊的仙女座星系等，支配整個宇宙的物理定律卻像是為了人類量身定做的，實在是太過巧合了。

如果真是如此，但目前並沒有發現決定這些定律的機制（至少看起來沒有），因此我們能想到的解釋只有兩個。一種可能性是有個像神一樣的存在，為我們完美地決定了這一切。但如果這樣解釋，問題就結束了，就不需要再進行科學了。所以我們不考慮這種可能性。

當然，神是存在的也很好。

然而，科學的本質是不論神是否存在的情況下理解大自然，所以從這個角度來看，我們會排除這種解釋。

如果不依賴於神的存在，那麼只剩下唯一的解釋。

再用飛鏢來比喻，其實是我們投擲了無數支飛鏢的結果——

換句話說，宇宙有無數個，而我們恰巧生活在其中一個符合這個「特定的數值」的奇蹟宇宙中。

無數的宇宙中，

恰巧有一個是「我們的宇宙」

這正是我們所居住的地球被稱為「奇蹟行星」的原因。

如果地球和太陽的距離再稍微近一些，那麼地球上到處都會變成灼熱的世界；如果地球的體積比現在稍微小一些，那麼重力也會變小，地球上的水就會消失。

也就是說，由於地球與太陽之間的距離以及地球的大小處於一種奇蹟般的條件下，地球才會擁有豐富的森林、動物誕生、並且進化，最終產生了像人類這樣的智慧生命體。

如果不巧妙地調整這些距離和大小，從物理和化學來看，很容易理解地球會變成充滿液態氫或沙漠。

事實上正是如此。在銀河系中有無數的行星，其中大部分是充滿液態氫或甲烷氣體，或者是一片荒無人煙的沙漠。土星的表面溫度甚至低於零下180度。

在這樣的地方，至少不會誕生像人類這樣的智慧生命體。

如果在地球以外的地方也有智慧生命體存在，那麼那顆行星也一定是擁有像地球一樣奇蹟般的條件。

因此，他們也一定和我們有相同念頭：

「我們的星球，距離恆星的距離和大小，奇蹟般的剛好合適！」

但如果仔細思考，這其實是理所當然的。

因為在無數的行星中，只有那些擁有這樣的幸運條件的星球才會有智慧生命體。

而那些不幸的星球，說到底根本不存在擁有能夠在意距離、大小等問題的生命體。

也就是說，並不是神為了智慧生命體專門調整太陽與行星的距離和大小，而是

「在無數可能性中，恰好那個星球符合了這樣的條件，而這些條件恰好有助於智慧生命體的誕生，因此智慧生命體得以存在，然後他們才會討論太陽與他們星球的距

離和大小。」這樣一來，神的存在就不再是必要的了對吧。

「我們的宇宙」也許和這個情況一樣。

這些宇宙可能位於遙遠的某個地方，或者以膜宇宙的形態存在於我們附近，甚至也有可能存在於未來或過去。無論這些宇宙是什麼形態，這些宇宙的基本粒子種類、質量、真空能量密度等，都會以隨機的方式有所不同。而其中有些宇宙，在其中幾個宇宙中，可能恰好符合「過於完美的條件（特定範圍的數值）」。然後，只有在那裡，像人類這樣的智慧生命體才會存在。反過來說，在不是這樣的地方，甚至原子都無法誕生，因此不會有擁有意識的生命體誕生，所以也不會去思考自己的宇宙是否被巧妙地設計。因為那裡什麼都沒有。僅有自己所處的宇宙看起來過於巧合完美，說到底不就是因為這個宇宙有著可以思考這些問題的生命體嗎——

這樣想比較自然吧。

當然，多數人已經理解接受了這樣的說法：我們能夠現在存在於這裡，全賴於地球這顆行星恰好擁有奇跡般的條件。

而那也是因為，我們知道「地球只是眾多行星中的其中一顆」這件理所當然的事吧。而了解這一點後，就會明白，再怎麼去思考太陽與地球的距離或地球的大小「為何」是這樣，也無法得到答案。我們的存在僅僅是偶然，而這一切的發生並沒有任何機制或理由。如果我們仍認為地球是獨一無二的行星，那麼現在肯定還在與自柏拉圖以來無法解答的問題繼續爭論，例如，太陽和地球為什麼是這樣的距離，為什麼地球有這樣的大小。

16至17世紀最活躍的科學家之一，發現了關於行星運動的克卜勒定律的約翰尼斯・克卜勒（Johannes Kepler），也曾認為太陽系是獨一無二的。因此，他試圖尋找一個可以解釋當時已知的6顆行星數量，以及這6顆行星與太陽之間距離的理論。

同樣的，20世紀的物理學家們，也不斷努力尋找解釋我們觀察到的標準模型中「特定的數值」的理論。雖然現在仍然有一些人保持著這種探索的態度，但實際上，至今尚未找到能夠解釋所有參數的具體數值的理論。

也就是說，如果以「『我們的宇宙』是唯一的」為前提，討論就會陷入僵局。

理論值比預期小了120位數的真空能量密度

在這樣的情況下，明確提出「『我們的宇宙』以外還有許多宇宙」這一觀點的，是美國物理學家史蒂文．溫伯格。

他之所以這麼預測，並不是基於標準模型的參數，而是涉及到另一個描述我們的宇宙特徵的相關的量，即「真空能量」。

這個名詞對大多數人來說可能是比較陌生的，這裡沒有特別解釋就直接寫出來，所以雖然遲了容我稍微簡單解釋一下。

當我們說到真空時，通常會認為是沒有任何東西的狀態。然而，根據廣義相對論，儘管將空間中的所有物質去除，但這個空間本身仍然可能擁有能量。

這個真空能量可以是正值也可以是負值，如果它是正的，空間就會膨脹；如果是負的，空間就會縮小。而且，真空能量也有可能是零。真空能量密度是指單位體積的真空能量。

隨著時間的推移，空間中的能量密度會調整到最小，最終會穩定在最低能量狀態。這個狀態在物理學中稱為「真空」。

「我們的宇宙」的真空能量實際上是多少，一直以來都無法確定，但通常會將量子力學和重力結合起來進行推測，這個「大概是這個數值吧」的理論估算值（絕對值）是已知的。

然而，後來各種宇宙觀測結果明確顯示，真空能量的可能範圍上限，竟然比理論預測的值小了將近120位數。

不是120分之一，而是120位數喔。

假設理論值是1，那麼實際值會是0.000000000000000000000000000000……也就是小數點後面跟著119個零，最後才是1。這是理論物理史上誤差最巨大的預測。

接著，這個小到不可思議的數字讓理論物理學家們感到震驚。

「這個、不就是零嗎？」同時他們這麼想。

如果絕對值小於理論預測的上限，那麼觀測上並不會出現矛盾，即使是零也不會有問題。說到這裡，與其去解釋「為什麼會有120位數那麼小的，像是無法確定是否存在的微妙數值」，不如說「理論上會完全抵消，結果成為零」這樣的機制似乎更有道理。畢竟零讓人感覺很好，而且在某種程度上看起來是特別的。

因此，理論物理學家認為，雖然我們目前還沒有發現，但一定存在一種機制能將真空能量變成零。

仍然無法找到真空能量變成零的機制

於是，許多理論物理學家開始提出「能讓真空能量變零的我個人的理論」，並發表了大量的論文。

或許，最初連溫伯格自己也認為真空能量應該是零，但他並未找到可以信服的理論來支持這一點。

事實上，溫伯格在一九八八年寫了一篇詳盡的長達數十頁的評論文章，徹底檢視了許多當時已經發表的這類論文。他在文章中對這些論文進行了極其細緻的檢查，逐一指出其中的問題，比如「這篇論文中的說法很奇怪」、「這篇論文的結論與其他論文的說法相互矛盾」、「如果這樣假設就能讓真空能量變成零，但這些假設本身就是毫無意義的」、「說什麼如果依照這個前提真空能量會變成零，但從一開始的前提就是零啊」，或者「這篇論文根本就是沒根據地說真空能量就是零嘛」等等，總之，他反駁了所有關於「能讓真空能量變零的我個人的理論」。

在調查這些各式各樣的理論時，他開始思考：「如果無論如何都找不到讓真空能量變為零的機制，那麼為何不改變思考方式呢？也就是說，根本就不存在這樣的機制呢」。簡單來說，就是「既然怎麼找都找不到，那麼最初就可能根本沒有這種東西吧」。

在這樣的思考過程中，他於一九八七年發表了著名的（或者更正確地說，是後來變得有名的）論文《宇宙常數的人類原理限制（Anthropic Bound on the Cosmological Constant）》。

他假設真空能量不是零，計算會創造出什麼樣的宇宙，並得出以下結論：

1. 當真空能量密度與理論值（比宇宙觀測所給出的上限值大120位數）相同時，什麼也不會發生。

2. 當真空能量密度比理論值小得多，但仍略大於宇宙觀測所給出的上限值時，什麼都不會發生。

換句話說，他明確指出，如果真空能量密度沒有足夠小到可達到所謂的上限值，那麼銀河、星球，甚至生命體，什麼都絕對不會產生。這意味著，這樣的宇宙將無法形成複雜的結構。

溫伯格的主張，科學界冷眼看待

經過這些事情，溫伯格開始這樣思考：

「如果有各種真空能量值不同的宇宙，在那些宇宙中，可能會有一些宇宙恰好是像『我們的宇宙』那樣有著非常小的數值。然後，我們這樣的生命體只能在這樣的宇宙中誕生，而這樣的生命體在觀測宇宙時，必然會觀察到一個小的數值。也就是說，真空能量數值小這件事情本身並不存在任何機制。」

溫伯格的結論是：如果是這樣的話，真空能量必須是零的必要性就不成立了，並且它實際上不會是零。理論上，比這個數值大120位數的數值是自然的。而且即使不是零，只要它低於某個上限，就能夠產生銀河、星球和生命體。那麼，即便只是**偶然**，得到上限邊緣數值的機率也會比較高。

因此，溫伯格主張「隨著觀測的精確度提高，真空能量應該會顯示為非零的數值」。

然而，對於溫伯格的這樣的預測，科學界是否有很快表示贊同呢，事實上並沒有。坦白說，這個預測並沒有受到太多關注，而且該論文的引用次數也幾乎為零。

溫伯格因為在描述基本粒子相互作用的「電弱交互作用」方面的研究，於一九七九年獲得了諾貝爾物理學獎，因此已經是著名的科學家。但即使如此，類似「是是是，偉大了就可以任意說話了~」他的預測還是被一些人冷眼看待。

當然，這也和「宇宙有很多個」這個想法本身被認為荒謬有關，但他被如此輕視的原因，或許也與論文標題中出現了「人類原理」這個詞有關。

當聽到「人類原理」這個詞時，大概會覺得有點像是「以人類為中心」的論調吧。這種思維方式與「哥白尼原則」相悖，後者強調人類和地球不是宇宙中的特殊存在。曾有一些人誤解溫伯格提出的「人類原理」，認為是主張神為了讓人類成為世界中心而做出安排，並因此批評「不要在科學中提及神的存在」。但實際上，溫伯格的理論並不是這樣的。恰好相反。

他的理論是「有許多不同的真空能量的宇宙，而人類只能存在於被限定的（足夠小的）範圍內的宇宙中。為什麼我們只能觀察到小的值，正是因為只有在這樣的宇宙中我們人類才能存在。」這個理論非常合乎邏輯，完全沒有涉及到神的概念。

從這個角度來看，或許問題是出在這篇論文的標題下得不夠明智。然而最終，溫伯格的這個預測還是被視為無關緊要，並且，大多數的物理學家，依然繼續為了解開真空能量歸零的機制而奮力探索著。

世紀大發現
「宇宙正在加速膨脹」

然而，一九九八年發生了一件徹底改變局勢的事件。

由索羅．珀爾穆特（加州大學柏克萊分校及勞倫斯柏克萊國家實驗室）、布萊恩．施密特（澳大利亞國立大學）、亞當．黎斯（約翰霍普金斯大學及太空望遠鏡科學研究所）等率領的兩個團隊，發現了「宇宙的加速膨脹」。

把這件事寫成文字，看起來好像不怎麼重要，但其實這是非常重大的發現。

實際上，這三位科學家正是因為這一個世紀的大發現，於二〇一一年獲得了諾貝爾物理學獎。

宇宙正在膨脹這件事，早在一九二九年愛德溫．哈伯的觀測就已經確定，在當時的科學界，「那麼膨脹的速度到底有多快」成為了其中一個研究的主題。

此外，正如萬有引力所示，宇宙中如果存在物質，必然會相互吸引，因此膨脹的速度應該會逐漸變慢才是。雖然沒有人知道減速的具體程度，但至少所有人都認為膨脹的速度應該會朝著減慢的方向發展。

然而，結果出乎意料。這些科學家發現，宇宙的膨脹不僅沒有變慢，反而是在加速膨脹！這一發現打破了當時所有人的預測，並震驚了整個科學界。

珀爾穆特、施密特、黎斯等人的實驗，最初是為了測量宇宙膨脹減速的比例，即「減速參數」。也就是說，已知在命名的時候就將「減速」列為前提。

然而，實際上，成功觀測到的結果竟然是負值。

這有點複雜，「減速參數」如果是負的，意味著「負的減速」，也就是說「正在加速」。

總之，膨脹的速度變得愈來愈快。

這個可以說是意外的發現，對於身處宇宙學領域的人來說，簡直是難以置信的衝擊。

我當時是研究生，至今仍鮮明地記得聽到第一手消息時周圍人的驚訝。當然，也有一些研究人員立刻開始思考這一個推翻了原有常識的發現的意義，但也有很多學者對實驗組的結果提出了質疑。然而，隨著時間的推移，新的數據不斷加入，宇宙正在加速膨脹的事實已經變得不容置疑。

發現宇宙加速膨脹並因此獲得諾貝爾物理學獎的其中一位珀爾穆特先生，至今仍在加州大學柏克萊分校工作，恰好是我的同事。據本人表示，早在他論文發表之前，就得到了減速參數為負的結果。

但由於結果太過震驚，他一時很難接受。所以，他沒有馬上發表，而是反覆檢查了多次。後來是聽聞其他團隊也得到了相似的結果，於是趕緊匆忙發表了論文。結果，由於是同時提交的（當然並非完全同時），不同團隊的三位成員都獲得了諾貝爾獎，這樣也算是好的結果，不然若是稍有差錯的話，也有可能會被其他人先行發表。

當他得知另一組也得到了相同結果時，雖然非常焦慮，「與其說是焦慮，不如說是鬆了一口氣。」他這麼說。因為感到「原來這個結果是正確的」，因此安心了。

也就是說，原本對實驗結果感到難以理解，但在得知有其他的夥伴也得出相同結果時，反而感受到了鼓舞。

當然，新的發現是令人喜悅的，但發表這些新發現其實是非常可怕的。因為如果是錯誤的，「啊，這傢伙完了」就會有人這麼說，這種情況隨時可能發生。

如果違反了常識，就更是如此。不管檢查多少次，都得出了相同的結果。如果這是正確的，那無疑是一次重大的發現。但是講出「減速參數是負的」，應該沒有人會相信吧。更何況如果在某個地方犯了簡單的錯誤，那麼這個人就會被貼上犯下不可思議的錯誤的標籤，職業生涯並且就此結束。這種焦慮感，同樣身為科學家，我能深刻理解。

物質的能量密度與真空的能量密度幾乎一致的謎

那麼，為什麼宇宙加速膨脹的發現會讓人如此震驚呢？原因在於，加速膨脹在（過去被認為是）僅由物質構成的宇宙中，是絕對不會可能發生的。正如前面所述，物質必定會有引力，這會使得膨脹變慢。

也就是說，宇宙正在加速膨脹的這一個事實，意味著「宇宙中有物質以外的某些東西」存在。

那究竟是什麼呢？

這時科學界開始議論紛紛，但從理論上來看，唯一可以解釋的似乎只有真空能量。

正如在解釋這個概念時所提到的，如果真空的能量是正值，那麼真空本身會促使空間膨脹。彷彿是空間膨脹會更有利的樣子，而導致不斷地膨脹下去。也就是說，膨脹的速度會加速。

因此，在這個時點，「真空能量為零的假設」被否定了。「能讓真空能量變零的我個人的理論」也全部被駁回。

更準確地說，有一種理論認為，真空能量實際上應該是零，但有一種「看似真空能量的東西」存在。但這種理論也存在各種問題，這裡先按下不表。

至於這個真空能量導致當前宇宙加速膨脹的解答，也引發了另一個謎題。

目前已經知道，宇宙的總能量密度中，物質能量密度約占30％，而真空能量密度則約占70%。粗略來說，這個比例大概是1比2，因此，真空能量密度只比物質的能量密度多了大約2倍多一點。

「物質能量」指的是，擁有質量的物質所擁有的能量。

順便提一下，$E = mc^2$ 是愛因斯坦的著名公式，這裡的E指的正是物質的能量、而m是物質的質量，c則代表光速。這個公式表明：「物質擁有的能量，是其質量乘以光速的平方」。

針對這樣的「物質能量密度」，如果說真空的能量密度「才高出2倍多一點」，有些人可能會對前面那樣的說法感到不對勁。

事實上，真空能量密度的數值相較於理論的自然值，約是0.000000000000000000000000000……，小數點以下有119個零那麼小的數值。

這兩者之間僅僅是2倍多一點的差距，換成另一種講法，就是這兩個能量密度以120位數的精度達成了一致。

舉個例子來說，假設你和某人彼此沒有共享任何訊息，要你們各自隨意寫下120位數字，結果除了最後一位數字，其他所有數字都一致的情況。這已經不僅僅是「只有2倍多一點」，說它們完全一致也不為過，對吧。

因此，從這裡開始，可以說它們是「完全一致」。

這樣一來，另一個謎就是，為什麼真空的能量密度和物質的能量密度會這麼巧妙地、完全一致呢？

人類的誕生是「奇蹟般的時機」？

實際上，這個謎比乍看時還要不可思議。

宇宙的早期，物質是緊密堆積的，所以物質的能量密度應該比現在大得多。但由於宇宙在膨脹，隨著時間的推移，物質變得愈來愈稀薄。因此，單位體積中的物質能量，即物質的能量密度，會隨著時間逐漸變小。

另一方面，所謂的真空，無論如何膨脹，真空本身的狀態不會改變，因此能量密度是恆定的。

一個隨著時間逐漸減少，而另一個保持不變，因此這兩種能量密度的時間變化完全不同。下一頁圖3顯示了這一點。從圖中可以看出，早期宇宙中，物質的能量密度遠大於真空的能量密度。相反的，未來的宇宙中，真空的能量密度將會大於物質的能量密度。

也就是說，做為智慧生命體的人類，恰好生活在這兩者的能量密度幾乎相同的特殊時期。

這正是不可思議的地方。

因為在宇宙初期，物質的能量遠遠高於真空的能量（達到100位數以上的數量級差距），所以真空的能量應該是小到可以忽略不計的。可以說，就像是渣一樣。

然而，經過138億年後，人類恰好在這個時機誕生，真空的能量密度在物質的能量密度不斷縮小的過程中，兩者恰好變得完全一致。將超超超超超級~小的渣級能量密度設置為初始值，是否真的存在這樣一個巧合的機制呢？

因為如果真要這樣做，乾脆把它設定為零會更簡單。

因此，物理學家們一直在尋找一個能夠將真空能量設定為零的機制。然而，在他

圖3 物質的能量密度與真空能量密度的時間變化

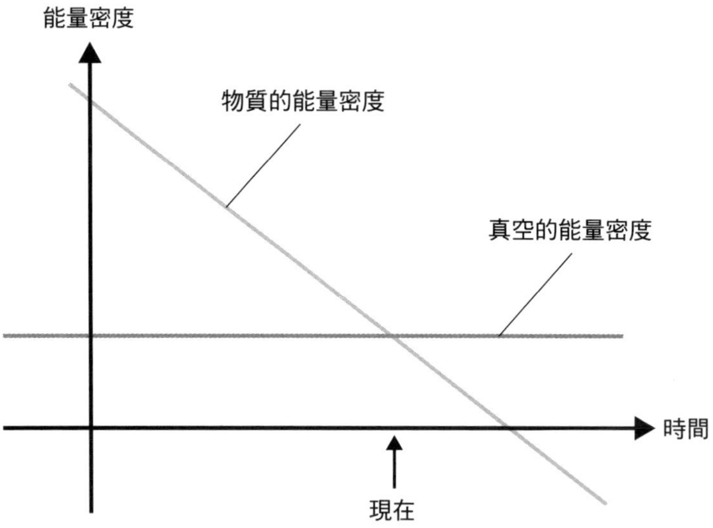

們還無法找到這個機制的時候，卻發現了真空的能量密度並非零，而且竟然與目前人類在觀測宇宙時的物質能量密度幾乎相同！

經過了20年，被驗證是正確的溫伯格的預言

在這樣的背景下，溫伯格那篇一直被忽視的論文，在經過20年後被挖了出來。

「真空的能量不一定非得為零，實際上應該不是零」、「真空的能量一定會以非零的數值呈現」溫伯格曾經這樣表示。

更準確地說，他的主張是「真空的能量密度，將會與我們現在觀測到的物質的能量密度大致相同」。

為什麼呢？因為如我之前所說，如果有真空的能量，真空本身應該會使空間急遽膨脹或者縮小，這兩者其中一種狀況。不過，這樣的情況只有在真空的能量對物質的能量具有支配性時才會發生。所以，如果真空的能量密度（的絕對值）比現在的

物質能量密度大幾個位數，那麼在我們、星球和銀河——這些在宇宙學的尺度上大約在100億年左右時間幾乎同時期產生——出現之前，宇宙會急遽加速膨脹，並且一切都會被摧毀（如果真空的能量是正的）；或者反過來，急速收縮並且崩潰（如果是負的）。在那種情況下，宇宙當然不會形成結構。

換句話說，擁有銀河、星球、生命體等結構的宇宙，其真空能量密度必須與這些結構形成的時候物質的能量密度相同，甚至更小。正如之前所提到的溫伯格的看法，前者不可能比後者小得多。

而隨著發現宇宙正在加速膨脹，這一切證明了溫伯格的預測是正確的。

因此，「有很多種類的宇宙，其中有些宇宙的真空能量恰巧非常小，例如『我們的宇宙』。因此，真空能量異常小的事實本身並不存在什麼機制」這個溫伯格所提出的多重宇宙論，也終於變得「並非不是不可能」了。

實際上，加速膨脹的發現是在一九九八年，但為了驗證它是否正確，花了好幾年的時間進行檢查和各種討論。因此，將溫伯格的論文再次提出並開始認真思考他的理論，是在剛進入21世紀的時候。

對於溫伯格本人來說，可能會覺得「也太遲了吧」。但即便如此，他自己也在進入21世紀後才重新拿出自己過去的論文並開始宣傳。因此，能讓新發現被接受的過程，或許並不是那麼簡單的事。

不過，無論如何，正如同溫伯格所言，如果假設宇宙有很多個，那麼也就能夠合理解釋，現在「我們的宇宙」的真空能量密度與物質的能量密度恰好相近。

總之，世界上有好多種類的宇宙，每個宇宙的真空能量數值範圍都是隨機的，這些宇宙中恰好有一些宇宙的真空能量值非常小。具體來說，這個宇宙的真空能量密度，與銀河、星球、生命體等結構在138億年後形成時的物質能量密度同樣小，而這樣的宇宙中才有可能誕生出像人類這樣的生命體。

換句話說，只有在這些宇宙中，像人類這樣的生命體才能夠存在。然後觀測自己所存在的宇宙的真空能量密度值，「超小的！」一開始可能會感到奇怪，但真空能量密度（的絕對值）如果比現在稍微大一點，那麼會繼續進行加速膨脹，並且會把一切都摧毀（或者會快速收縮，將宇宙本身摧毀）。而這樣的宇宙中，根本不可能誕生像人類這樣會對此感到困惑的生命體，這就是問題的關鍵。

這麼一想，真空的能量密度不是零，而且與現在的物質能量密度相同程度的大小，似乎就不那麼奇怪了。但要使這個說法成立，就必須存在「真空能量值有不同種類的宇宙」。

因此，當溫伯格提出這個論點，輕描淡寫地表示「有很多不同的真空能量值的宇宙存在」，其實很多科學家都認為「不可能存在這樣的前提」。

正如我在本講一開始提到的，如果要解答更一般的關於基本粒子結構的謎題，不僅僅是要考慮真空能量，還必須假設有許多不同的宇宙，其中每個宇宙的基本粒子種類、質量等所有參數都可能有所不同。

那些性質不同的宇宙，幾乎是無盡地存在？這是不可能的吧……

我原本也是這麼想的。但結果呢，它真的存在啊！不如說，早就存在了吧？

沒錯，只要透過自一九八〇年代以來就在物理學界積極研究的那個「超弦理論」，這些不同的宇宙就會自然地出現，甚至是自動地出現。

第3講

被預言的多重宇宙的存在

如何解決「真空能量過小的問題」

原本希望將真空能量設定為零，但由於真空能量不為零的事實變得明確，曾經幾乎被完全忽視的「有不同的真空能量值的各式種類宇宙存在，其中碰巧是極小值的就是『我們的宇宙』」這一概念，正是溫伯格的多重宇宙論中重新被提出來討論的論點。

「真空能量值之所以極小，是純粹的偶然，而不是特定機制所導致」就是他的理論最核心的關鍵。

不過，要使這個理論成立，「不同的真空能量值的各式種類宇宙」必須要有相當多的數量。

舉個例子，如果你想在大約10公分平方的紙上，對準一個占紙面積約1／100的目標來投擲飛鏢，那麼通常至少得投擲100次才有可能命中。

如果將這個邏輯套用到真空能量密度上，若要達成是0.000000000000000000000000000000……，小數點後有119個零這樣的極小數值，就必須要有至少

10×10×10×10×10×10×10×10×10……，也就是必須有10這個數字乘以120次，這樣誇張的宇宙數量才有可能。換句話說，溫伯格為了解決「真空能量極小的問題」所假設的「各式種類不同的宇宙」，其宇宙數量至少得有像1後面跟著120個零那麼多的數字。這已經不是「相當多」所能形容的程度了。

反過來說，如果沒有那麼多種類的宇宙，溫伯格的理論就無法成立。

溫伯格本人僅表示，真空能量之所以變得極小，是因為只有這樣假設才能找到解釋，但他並沒有談論如何讓這麼多種類的宇宙存在。

因此，最初提出的「如果存在各式不同種類的宇宙」的假設，究竟有沒有可能實現，本身仍是一個疑問。

9＋1維度存在的前提是超弦理論

正如在第1講中所說的，從一九八〇年代開始，超弦理論成為了活躍的研究領域，也被認為是唯一成功將量子力學與重力理論結合的理論。

為了保險起見，這裡再簡單說明一下。超弦理論指的是，將物質逐漸細分之後，最終不是粒子而會是「弦」的理論。

為什麼必須假設是「弦」，這裡就不進一步討論。但無論如何，這樣做可以讓重力理論放入量子力學討論而不發生矛盾。這個超弦理論是一個非常奇特的理論，像是穿過針眼一樣精巧地運作。如果僅僅是「把物質的基本單位設定為弦」，這樣的假設只解決了第一關的問題。

更棘手的下一個關卡是，必須將時空的維度設為9維空間加1維時間的10維時空，否則就會出現矛盾。第1講中提到「超弦理論本身就以我們感知不到的維度空間存在為前提」，指的正是這一點。

換句話說，超弦理論預測的空間維度數量是9。

從我們一般的感覺來看，空間的維度無論如何都應該是3維，因此無論如何都難以消除不對勁的感覺，對吧？

不過，如同之前所說，超弦理論被認為是唯一一個成功將量子力學和重力理論結合的理論。因此，為了使用這個理論，我們只好接受這種不對勁感。

而採取的解決方案，即是第1講中提到的「9個維度中有6個維度因為太小而看不見」的說法。

也就是說，我們所認知的3維空間雖然是很大的，但剩下的6個維度則是極小的，所以我們無法察覺。

這6個看不見的維度，被命名為「額外維度」，而且這些額外維度被緊密地捲曲成非常小的形狀，這狀態被稱為「緊緻化」。而我們所處的4維時空就是這樣的結構。

說實話，這其實只是一種迴避的說法。但這樣一來，就能避免「『我們的宇宙』顯示為3＋1維」這一個事實、和「量子力學與重力理論要結合必須是9＋1維」的超弦理論之間的矛盾。

事實上，在純粹的數學世界中，維度的數量並不重要。之所以將空間的維度設為3，只是根據我們的經驗感覺而已，3這個數字並沒有特殊的含義。

反過來說，數學並不一定能絕對地決定維度的數量。

因此，在某種意義上來說，能「預言」維度的數量本身就是一種奇蹟，光是這件事足以證明超弦理論是一個了不起的理論。

毫無疑問它也是一個非常深奧的理論，因為愈深入探究這個理論，就會發現愈多新事物。

不過，如果它預言的維度數量剛好就是3＋1，那就會更讓人驚嘆了。因為那樣的話，我們就能用方程式解釋為何我們生活在3＋1維的世界裡。「神理論，降臨！」我想大家更有可能這樣讚嘆。

但實際上它預言的是9＋1維。

因此，對於理論物理學家來說，超弦理論是一個大家都明白它很了不起，並且無法不使用的理論，但其中也包含些許讓人覺得遺憾的性質。

額外維度讓「真空能量過小的問題」變得可以解釋

大家應該可以想像，隨著維度數量的增加，緊緻化空間能夠獲取的形狀，樣態會變得更加豐富。

舉例來說，在1維的情況下，因為只能在一個方向上前進，所以基本上只能是圓形或線段的形狀。

然而，在2維的情況下，因為可以往兩個方向前進，所以就可以是球面、像甜甜圈表面那樣的形狀、邊界為圓盤等各式各樣的形狀。

當加上第三個方向變為3維時，形狀的變化會再進一步增多。

如果緊緻化空間的維度數量達到6維，那麼它能獲取的形狀變化將遠超過3維空間。

當然，因為額外維度是非常小且被緊緻化的，所以我們無法直接感知它實際上呈現的形狀。但這並不意味著我們不可能感知它，如果這些緊緻化的6維空間的形狀或大小有所不同，這些差異將會在我們所生活的這個經過平均化的世界中，以擁有不同種類的基本粒子或真空能量的3＋1維時空呈現，並被我們識別出來。

也就是說，緊緻化的6維空間可以有各式各樣不同的形狀和大小，從3＋1維的角度來看，這意味可以存在著擁有不同種類的基本粒子和真空能量密度的宇宙。

實際上，緊緻化的6維空間能有多少種形狀和大小呢？如果只考慮數量，它會迅速增加到10的1千次方或者1萬次方。根據某些計算，即使只限定在足夠穩定的形狀中，也估計有超過10的500次方（即10乘500次）種可能。

這正是超弦理論基本方程式所預測的「宇宙結構的多樣性」。也就是說，超弦理論支持存在超過10的500次方種類的宇宙，其中基本粒子的質量、種類和真空能量密度各不相同。

總而言之，在超弦理論的框架內，比起溫伯格的理論中必要的10的120次方，有著更多種類的不同宇宙。也就是說，擁有不同真空能量的宇宙，都是可能實現的。

具體的事件來說，二〇〇〇年時，現今的加州大學柏克萊分校的拉斐爾．布索（Raphael Bousso）和加州大學聖塔芭芭拉分校的約瑟夫．波爾欽斯基（Joseph Polchinski）提出了一個簡單的模型，連結了真空能量值，「超弦理論呢，是基於溫伯格的多重宇宙論而自動導出來的理論」，很快就成為了人們關注的焦點。當然，超弦理論並不是為了解決「真空能量過小問題」而誕生的，它自一九八〇年代起就被用來研究如何將量子力學和重力理論結合起來。

雖然最終看起來似乎能夠達到一體化，但它強行要求將維度設定為10維，實在讓人感到困惑。沒有辦法，為了應對這一點，研究者們只好將6個維度當做「太小而無法觀察」來處理，額外維度變成麻煩的存在。

然而以結果論來看，這些麻煩的額外維度，反而最終成為解開了長期讓大家抱頭苦思的「真空能量過小的問題」謎題的關鍵。

反而可以說是：「有額外維度真的太好了」。

方程式給出的答案過去被誤解的歷史

其實，超弦理論原理上導出「基本粒子的質量、性質、真空能量等都不同的宇宙，多到數不盡的數量」的結論，這件事從一九八〇年代開始就為許多物理學家所知曉。

因此，根據超弦理論，可以自動推導出基本粒子種類、質量和真空能量等各不相同的宇宙的存在。這樣一來，只有在真空能量足夠小的地方才能夠有人類的誕生，而人類觀測的結果會讓他們發現真空的能量必定很小，而且即使不是零也無妨！事實上，這個結論在一九八〇年代，也就是「能讓真空能量變零的我個人的理論」蜂湧而出時，就已經可以預測到這一點了。然而，當時並沒有將超弦理論以這樣的方式應用，事實上，溫伯格也並未觸及超弦理論。

直到一九九八年觀測到宇宙的加速暴脹，並且開始認真探索「各式各樣種類宇宙」的可能性時，才將多重宇宙論與超弦理論相結合來進行探討。簡而言之，在那之前，多重宇宙論和超弦理論是兩個完全不同的理論領域。

根本來說，若是將超弦理論強行運用於宇宙學領域，在深信「我們的宇宙就是一切」的觀念下，絕對不會接受「基本粒子的種類、質量、真空能量等皆不同的宇宙，多到數不盡」這樣的結論。所以當時他們可能只會覺得：「出現了對應各種奇怪宇宙的解法，真是讓人困擾啊」。

在前言中我介紹了愛因斯坦的故事，即使方程式給出了答案，因為先入為主的觀念或固有想法而無法相信這些答案，這正是「理論物理學中常見的情況」。

在愛因斯坦之前，例如，路德維希・波茲曼（Ludwig Eduard Boltzmann）的故事也是如此。

波茲曼是現代物理學三大支柱之一，也就是統計力學的奠基人，他幾乎是獨立創立了這門學科。他一直主張「如果將原子視為是實際存在的，那麼根據其運動定律，可以解釋物質的溫度和壓力等宏觀現象」。

然而，他生活的19世紀實證主義的氛圍十分強烈，當時的人們只承認「經驗事實」，認為考慮像原子這樣看不見的東西是沒有意義的。

正因為如此，他不斷被當成瘋子對待，最終精神崩潰並自殺。

但後來，原子的存在確實得到了證實，這時人們才恍然大悟，原來「波茲曼是對的」！

愛因斯坦之後，還有保羅・狄拉克預測存在著正子的故事。

他用一個符合相對論的公式描述了電子的運動，得到的一個解是，與電子的電相反、且質量相同的粒子。

但當時，大家深信擁有與電子完全相反電荷的粒子只有質子，且已知質子比電子重，因此斷言「雖然方程式看上去質量相同，但這一定是哪裡出了錯，最終這個解應該還是質子吧」。

然而幾年後，確實發現了與電子質量相同、電荷完全相反的粒子。那就是現在所說的反粒子，隨後不僅確認了電子有反粒子，還確認了質子和中子等的反粒子的存在。

換句話說，狄拉克的方程式是正確的。

在理論或方程式的正確性面前，
人類的直覺並不可靠

尤其像是量子力學或相對論這類理論，理論物理學常常預言一些我們的常識無法理解的現象。仔細想，在這些預測面前，常識性的直覺其實很難派上用場，雖然從某種意義上來看這也是理所當然的。

儘管如此，世人、有時候是自己內心的常識或定見，往往會拒絕這些預測。除非透過觀測或實驗等能夠讓這些預測變成某種程度的具體可見時，否則很難說：「這是真的！」

儘管方程式已經給出了答案，卻還會因為拘泥於常識而遲遲無法接受，這讓我覺得人類的思考真的是很貧乏。不過仔細想想，也因為人類思考的結果而提出理論和方程式，才能夠預測出一些常識無法理解的事情。科學的世界，正是這兩種思維的拉鋸戰不斷重複進行，我自己覺得這就是它的魅力所在。

我認為最具戲劇性的是，像是溫伯格的多重宇宙論那樣的逆轉故事。一開始像是個在預測不可能的現象的理論，最初總是被嘲笑或忽視，但隨著時間的推移，最終發現它確實是對的。

面對眼前一個難以理解的現象，能夠立刻提出一個解釋它的理論，確實是很厲害。但這樣的故事若是很順利地走向「原來如此！」的結論，有時候會讓人覺得有些無趣。

再者，以溫伯格的多重宇宙論為例，其強大的支持關鍵來自於一個完全不同領域、而且是曾經被認為很麻煩的理論。這一點是當時誰也無法預料的。

不過事實上，在21世紀之前，也不是沒有人提出過超弦理論的「解」是如何暗示多重宇宙的可能性。

其中尤其著名的是史丹佛大學的安德烈・林德。他從一九八〇年代起，就以超弦理論為依據主張多重宇宙的存在。

當時他的評價很糟，「喔喔，他大概已經完了」似乎存在過這樣的看法。但當然，現在他前瞻性的見解得到了高度的評價。

劃時代的暴脹理論
沒想到・・・預言出的那些事

那麼，通過重新審視超弦理論，得出的結論是：「基本粒子的種類、質量以及真空的能量密度等各種條件都不同的宇宙，多到數不盡。」

然而，這並不能保證「其他種類的宇宙真的會誕生」。換句話說，超弦理論可以說「多重宇宙是可能的」，但它無法說明「它們確實存在」。

事實上，隨著把「宇宙只有一個」這一個常識的重開機，另一種理論徹底改變了我們看待宇宙的方式。

這是指一九八〇年，由現任麻省理工學院的阿蘭・古斯（Alan Harvey Guth）提出的「暴脹理論」，它是解決大霹靂宇宙學矛盾的關鍵。「暴脹理論」簡單來說，是指「在大霹靂之前，大約在宇宙誕生後0.0000000000000000000000000000001秒的時候，類似真空能量的場位能引發了超加速的急膨脹（暴脹）」。

這個理論本身是前所未有、非常具有革命性，並吸引了大量關注，但以結論而言，古斯提出的「暴脹」概念，在我們宇宙的初期模型中並未能發揮作用。

為什麼呢？因為事實上，古斯版本的「暴脹」理論，幾乎可以確定**不可避免**會在加速膨脹的宇宙中，引發「永恆暴脹」這種現象，也就是在其中不斷像泡泡一樣誕生出無限多個其他的宇宙。

具體來說，就像你把水倒進鍋裡加熱，當水達到100度時，不是瞬間全都變成水蒸氣，而是水中會產生許多小泡泡一個個冒出來。類似這種情況。

事實上，當從高位能流向低位能狀態而發生「相變」時，這種現象是解方程式時可以知道的普通現象。然而，與沸騰的水不同的是，水中的泡泡會逐漸膨脹，最終全部變成水蒸氣，然後結束。但在宇宙的情況下，則是不同的。

不斷誕生的泡宇宙本身也會膨脹，但它們的誕生和膨脹速度，通常比它們所處的「母宇宙」急速膨脹的速度要慢，因此新誕生的泡宇宙不會把空間填滿。這個結果，就如其「永恆暴脹」之名，會一直持續下去。然而，這樣一來，這個現象就不可能是大霹靂之前的階段，而無法迴避的這個矛盾現象，變成相當棘手的問題。

因此，儘管「大霹靂之前有一個暴脹階段」這個劇本有可能是正確的，但我們還是決定忽略「永恆暴脹」的問題，並且不做太多的討論。

具體來說，古斯版的暴脹理論被修改為不會發生永恆暴脹，並將這個改變後的版本採用為大霹靂之前的宇宙模型。

超弦理論加上暴漲理論預言了多重宇宙

而當「宇宙只有一個」的常識被重開機時，開始出現這個理論的全新視角。「在加速膨脹的宇宙中，其他的宇宙像泡泡一樣無限地誕生」這一現象意味著，每個泡宇宙都將表現得像一個獨立的宇宙。

換句話說，如果將「我們的宇宙」視為無數泡宇宙中的一個，而非全宇宙的唯一存在，我們很快就會意識到，這正是創造多重宇宙的過程中扮演決定性角色的機制（見下頁圖4）。

事實上，古斯所提出的暴脹方程式，描述的正是這一過程：「如果理論允許存在複數個不同的宇宙，也就是擁有不同基本粒子性質的宇宙，那麼在一個（母）宇宙中，不同類型的宇宙將像泡泡一樣不斷誕生。」

然而，當人們固守「宇宙只有一個」的觀念時，這些泡泡宙只能被理解為「在『我們的宇宙』中誕生」。因此，就像古斯曾經認為的那樣：「即使理論上泡泡

圖4　在母宇宙中，無數的泡宇宙不斷地誕生

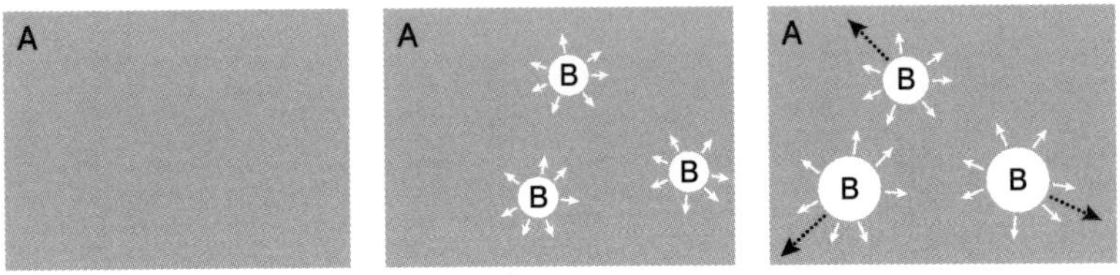

（其他宇宙）可以誕生，但在這個宇宙中怎麼找也找不到一個泡宇宙。」

然而，錯誤的並不是理論，而是對「我們的宇宙」的身分認同（如何定義）的理解。隨著時間的推移，大家開始明白：「原來如此，這個方程式的意思是這樣」，最早意識到這一點的正是古斯本人。隨後他強力推動了多重宇宙論，並為其發展做出了巨大貢獻。事實上，他也是我的合作研究者之一。

如果將「我們的宇宙」看做是從泡宇宙誕生出來的某一個泡泡，而非泡宇宙的母宇宙，那麼古斯的理論（結合超弦理論）正好實現了溫伯格所需要的設定。因為在超弦理論中，額外維度的存在保證了宇宙可以有無數的真空能量值，因此泡宇宙的種類也是無數的。

換句話說，超弦理論所暗示的「基本粒子的種類、質量以及真空的能量密度等各種條件都不同的宇宙，多到數不盡」的可能性，透過古斯的「暴脹理論」得到了完全的實現，並且這一過程將永遠持續下去。

因此，儘管這些可能性看起來極其微小，但總有一天會自動地從中誕生出具有極小真空能量的宇宙。而且，那裡的真空能量永遠都是極小、不為零的，這也是必然的，因為人類只有在真空能量足夠小的時候才能誕生。

這奇蹟般的結論，彷彿其中一片拼圖突然完美地吻合，讓包括我在內的許多科學家都激動不已。

也就是說，只要我們能不被「宇宙只有一個」的成見所限制，其實從一九八〇年代以來理論物理學界存在的理論本身，就能預言出多重宇宙論的存在。

第4講

數不盡的泡宇宙

現在的宇宙學基礎：大霹靂理論

在這一講裡，會先暫時離開多重宇宙的話題，總結一下我們對於「我們的宇宙」的認識。接著，將探討這些認識如何與前面提到的多重宇宙的討論連繫起來。

如果從宇宙持續膨脹的事實回溯歷史，我們會很自然地認為，早期的「我們的宇宙」處於一個物質和輻射等能量高度壓縮的高溫高密度狀態。

從這樣的高溫高密度狀態開始，宇宙逐漸膨脹，並隨著溫度下降，原子核開始合成，繼而產生原子、星系、星球、生命等，形成「我們的宇宙」存在的結構，並一直持續到現在。這一過程，便是所謂的「大霹靂宇宙學」。大霹靂宇宙學是非常強大的理論，它不僅能夠描述「我們的宇宙」如何演化到現在的狀態，並且不是僅僅停留在「大概是這樣」的模糊層次，是能定量預測宇宙演化的過程。此外，從宇宙誕生後的0.1秒或1秒後的過程，包括當時開始進行的原子核合成過程，幾乎所有的現象都與實際觀測結果幾近完美吻合。甚至被認為，大霹靂之前的時期，也可根據大霹靂宇宙學以極高的準確度來描述，例如質子、中子和電子四處運動的時期。

像這樣理論與觀測之間的精確一致，使得大霹靂宇宙學的基本圖像幾乎被認為是無庸置疑的，並且也讓宇宙學被認可為一門精密的科學。事實上，大霹靂宇宙學所扮演的角色非常重要，以至於當前宇宙學的研究幾乎都建立在這個理論的基礎上。

儘管如此，我們對於這個「高溫高密度的狀態」，仍然不太清楚能追溯到多久遠前的歷史。雖然溫度不可能無限高，但無法確定是在哪個階段會有一個極限存在。因此，這一點成為了大霹靂宇宙學中剩下的最後一個謎團。

夜空現在仍閃耀著早期宇宙的光芒

通常我們會用100光年或1萬光年來表示從地球到其他星球的距離，而1光年是指光在1年內行進的距離。換句話說，100光年是光在100年內行進的距離，1千光年則是光在1千年內行進的距離。重要的是，即使是光，也不是在一瞬間傳輸的。儘管光速每秒約30萬公里，速度快得離譜，但它仍然是有限的。而根據相對論，這是自然界中可能存在的最高速度。也就是說，沒有任何物質的傳輸速度能夠超過光速。順便說一下，以光速從地球到月球大約需要1.3秒，而從地球到太陽則需要約8分鐘。實際上這個事實，讓我們可以「直接看到過去」。當我們用望遠鏡觀測1萬光年遠的星球時，所看到的光是該星球1萬年前發出的光。換句話說，我們透過望遠鏡看到的是那顆星球1萬年前的模樣。

按照這個邏輯，如果我們再往遠處看，應該可以看到早期的、高溫高密度的「我們的宇宙」所發出的光。但是，當我們仰望夜空時，除了星球和星系之外，並不會看到更遠處的背景發出耀眼的光輝，星球之外只是一片漆黑的天空。然而，實際上夜空的背景確實是在發光。我們之所以看不見它，正是因為宇宙在膨脹。

宇宙在膨脹這件事，意味著發光的物體正在不斷遠離我們。換句話說，從我們的觀點來看，這些物體在發光的同時，也離我們愈來愈遠。

然而，光是一種波，所以當光從遠處發出（註：同時也在遠離我們）時，我們接收到的光的波長會變長。這種波長會隨著傳送者和接收者的相對速度而改變的現象，稱為「都卜勒效應」。

我們都有過體驗，救護車的聲音在接近時會變高，在駛離時會變低，這就是典型的都卜勒效應的聲音版本。就聲音而言，波長愈短，聲音就愈高；而波長愈長，聲音就愈低，這正是造成聲音變化的原因。

早期宇宙的光的呈現方式也一樣，夜空中的光真的很閃耀，但由於發光源正不斷遠離，我們接收到的光的波長變成了比紅外線更長的電波區域。所以實際上用電波望遠鏡觀測時，夜空是閃閃發光的，只不過不是可見光，所以肉眼看不見罷了。夜空的背景顯示的其實是高溫高密度下，曾經光輝閃耀的早期宇宙世界。

幾乎完全均勻的誕生後38萬年的宇宙景象

這樣的早期宇宙所傳來的電波，被稱為「宇宙微波背景輻射」。

另外，這裡所說的「早期宇宙」，指的是大約38萬歲左右的宇宙。比這更早的宇宙，密度過高，光無法直線進行。因此，那些區域無法直接透過光（電波）觀察。

「38萬歲算是早期嗎？」你可能會有這樣的疑問。但「我們的宇宙」現今的年齡是138億歲，相對於40歲的人類來說，這相當於他們出生後的半天時間。因此，38萬歲的宇宙就像是一個剛出生的嬰兒。

38萬歲左右的宇宙溫度大約是3千度，而宇宙微波背景輻射就像是捕捉到當時宇宙樣貌的快照。目前已經證實，這些宇宙微波背景輻射從四面八方以相同的方式到達地球。從觀測結果可以得知，38萬歲的宇宙不論是溫度還是密度，都只有大約10萬分之一的漲落，是一個幾乎完全均勻的世界。

在第1講中談到，現在的「我們的宇宙」，即使有星系和星系團等結構，但整體平均來看是「大致上看來均勻」。但這裡所說的「大致上」，並不是前敘那種「粗略地看來」的意思，而是真正的均勻。此外，這種10萬分之一精度的均勻，達到了驚人的程度，可以說那時的宇宙處於像是溫度和密度相同的湯狀狀態。從這種湯狀的狀態中，周圍稍微密度較高的區域會透過重力吸引物質，逐漸變得更密集；而稍微密度較低的區域，則會變得更為稀疏。像這樣，逐漸形成目前宇宙中所見的星系和星系團的結構。

下一頁圖5是物理學家常畫的「時空圖」，簡單地顯示了一個觀測事實：「宇宙微波背景輻射幾乎是以相同的方式從四面八方傳遞到我們這裡」。

人類在宇宙誕生138億年後，觀測到的光（電波），隨著時間的推移，往右走的光是A，而往左走的光是B。

當然，實際的光是從整個天空傳來的，但這個時空圖是將空間方向簡單地以1維方式繪製的，所以呈現出這樣的樣式。

另外，光線的進行路徑被畫成45度，是因為這是繪製圖形時的規則。這種時空圖特別被稱為「潘洛斯圖」，在考慮事件的因果關係時非常有用。

閱讀這個潘洛斯圖時要注意的一點是：「時空中某一點發生的事件能夠影響的範圍，僅限於該點的上方、左上45度和右上45度之間的範圍」，因為「無論發生什麼事情，所有信號的速度都不可能超過光速」。

換句話說，是指「除了這個範圍外，時空中某一點發生的事情無法對其他地方產

圖5　示意宇宙微波背景輻射傳遞給我們的狀態時空圖

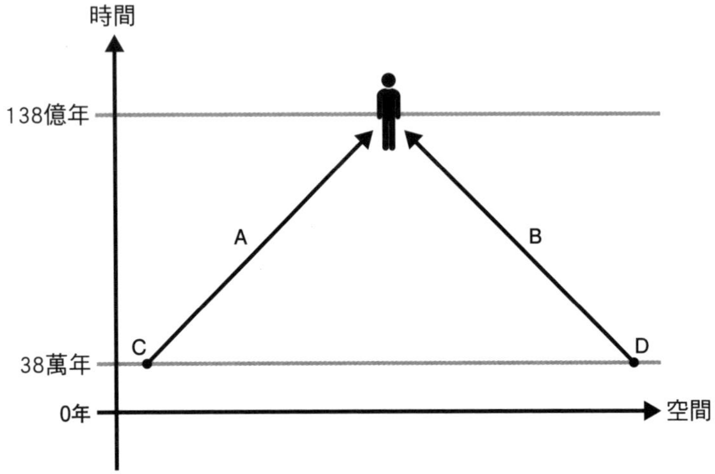

生任何影響」。

大霹靂理論無法解釋的「地平線問題」

從這個角度來看這張潘洛斯圖，會發現一個奇怪的地方。

如果按照大霹靂宇宙學，宇宙的誕生真的是從那一瞬間開始的，那麼「我們的宇宙」自誕生以來，一直在不斷降溫。然而如果是這樣，會出現一個奇怪的情況。

具體來說，我們無法理解為什麼圖5中的C點和D點會擁有相同的溫度。

例如，同一間房間的溫度基本上是相同的，這是因為房間裡溫度較高的地方會把熱量傳遞到較冷的地方。這種熱流現象的產生是由於室內空氣的交互作用，使溫度的不均勻逐漸平均化，導致各處的溫度相同。也就是說，要使物理上相距很遠的地方擁有相同的溫度，通常需要某種形式的交互作用。

然而，如果以宇宙誕生之初就處於大霹靂狀態為前提來看這張潘洛斯圖，這是不可能發生的事。

所以可以用圖6來解釋為什麼。

如果宇宙確實經歷了這樣的歷史，假設宇宙誕生後就在圖6中的E點發生事件，那麼在宇宙38萬歲的時候，只能影響到從C點到F點之間的範圍。從E點發射出的光線，若向左邊前進，在38萬年後達到C點，而向右的光線最遠只能到達F點。因為無論如何，光的速度無法超過光速，所以光只能在E點的左上45度和右上45度之間的區域前進。

這樣一來，從E點出發，在38萬歲時，只有C點到F點之間的區域才會發生交互作用。也就是說，它們的溫度才可能變得相同。不管E點位於空間中的哪個位置，38萬歲時的C點和D點相距太遠，根本無法進行任何溝通。即使它們想要交互作用，在物理上是不可能的。

前面用房間空氣的例子來解釋過，物理學上事物條件相同的原因，通常是因為它們之間發生了交互作用。換句話說，如果它們被觀察到具有相同的溫度，那麼一定是發生了交互作用（註：交換熱能以達到熱平衡）。

圖6　C點和D點不可能處於相同溫度

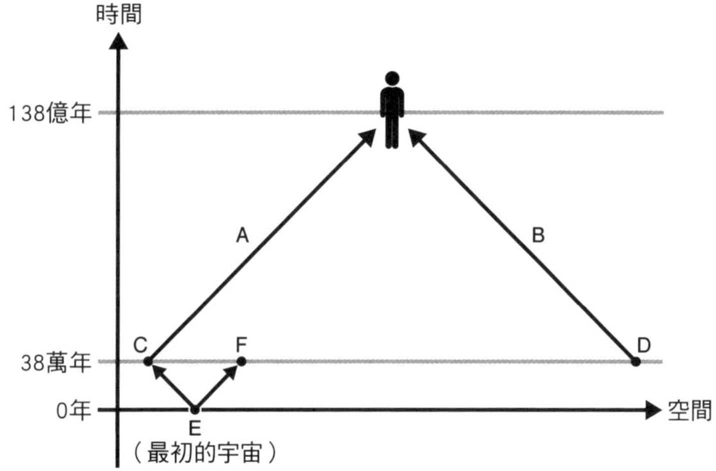

然而，若大霹靂宇宙模型中的宇宙起源是真確的，就會像是C先生家的客廳與D先生家的客廳，兩者完全沒有任何連接，但它們的溫度卻能在10萬分之一的精度上完全一致。

這就是所謂的「地平線問題」，這個問題是大霹靂宇宙學唯一無法解釋的重大謎題。

無法解釋的另一個謎 「宇宙過於平坦的問題」

但事實上，還有其他「奇怪的事情」。

那就是空間的「曲率」問題。

什麼是空間的曲率呢？如果有人問你「三角形的內角和是多少」，你肯定會立刻回答是180度，這在小學就學過了。

然而，這只有在特殊的空間情況下才成立。

為了理解這一點，我們來想像一個嵌入在3維空間中的2維空間。

此外，以防萬一，先敘明一下「三角形」的定義。三角形是指在空間中隨便取三個點，並用最短的距離將它們連接起來的形狀。

那麼，在像球面這樣的2維空間上畫出的三角形內角和會是多少呢？

請看一下下頁圖7的左側圖。

這個三角形看起來有點胖對吧？從圖中可以明顯看出，這個三角形的內角和大於180度。

反過來，也可以考慮一種內角和小於180度的空間。如同下頁圖7的右側圖。

在這裡，我們透過將2維空間嵌入3維空間來進行可視化，但實際上，這種嵌入並非本質上的問題。原因是空間的曲率概念與嵌入無關，而是可以定義為空間本身的屬性。也就是說，即使只在2維空間，考慮三個點之間用最短的距離所連接的三角形的內角和，可能大於180度（稱為正曲率的空間），或者小於180度（稱為負曲率的空間），而不需要將它嵌入到3維空間中。

同樣地，我們所處的3維空間，也不保證三個點之間用最短距離所連接的三角形

圖7　正曲率和負曲率

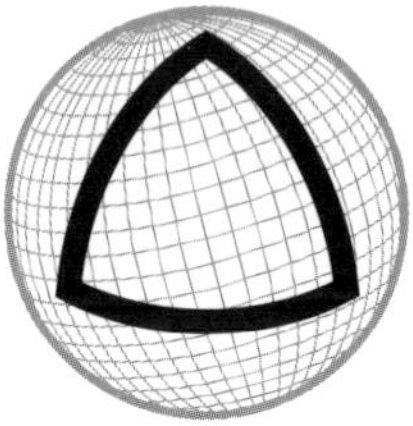

正曲率

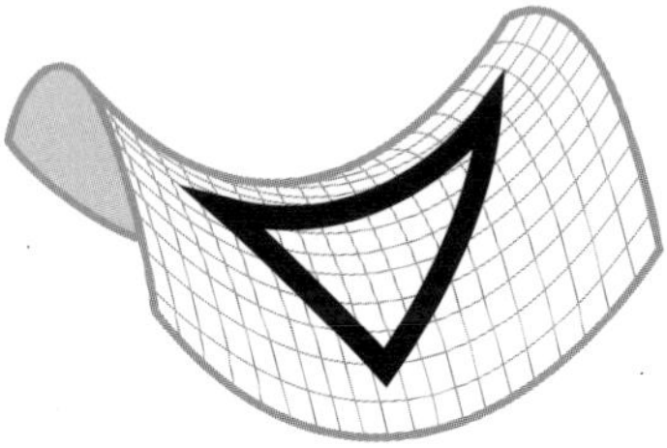

負曲率

的內角和總是180度。只有當我們的空間曲率為零時，才是如此。

實際上，以地球、太陽系和銀河系的尺度來看，我們生活的空間幾乎是零曲率。這就是為什麼我們在小學上課時學到三角形內角和是180度。

然而，我們周圍的空間看起來曲率接近零，這可能只是因為相較於宇宙的巨大，我們周圍的曲率太小了。

舉例來說，在球面上繪製一個相對於球半徑小很多的三角形時，該三角形的內角和看起來幾乎是180度。不妨是想像在地球表面，也就是在地面上畫三角形，是同樣的道理。

然而，觀察我們的宇宙時，發現即使是宇宙規模的三角形，內角和也接近180度。也就是說，我們的宇宙的曲率為零，或者極其接近零。

但實際上，這是一個非常不可思議的事實。

如果我們的宇宙從誕生的那一刻起就遵循大霹靂模型，那麼空間並不一定非得是平坦的。也就是說，大霹靂宇宙學無法解釋空間為何是平坦的。

更甚者，關於這個「宇宙過於平坦的問題」，不得不承認大霹靂宇宙學的立場是非常不利的。

這是因為，根據方程式追蹤大霹靂以來「我們的宇宙」的膨脹歷史，曲率效應——即在宇宙中繪製的大三角形內角和偏離180度的程度——隨著時間的推移會愈來愈顯著。

也就是說，即使是經過138億年的今天，宇宙依然如此平坦，那麼在更早前的宇宙應該會更加超級平坦。儘管沒有理由說它應該是這樣。

我們的宇宙極其平坦的這個事實，也是大霹靂宇宙學無法解釋的。

改良過的「暴脹理論」成為解開謎團的關鍵

再次重申，大霹靂宇宙學在了解「我們的宇宙」的形態扮演了非常重要的角色，是一個出色的理論，這是無庸置疑的。即便如此，它也並非完美無缺。實際上，這個理論仍然存在許多謎題和矛盾。

其中，最為重大的就是前面談過的「地平線問題」和「宇宙過於平坦的問題」，而為了解決這些問題而提出的想法，就是我在第3講中提到的阿蘭．古斯的「暴脹理論」。古斯的想法是：「早期宇宙並非隨著時間推移溫度逐漸上升，而是有一個完全不同的階段」，那個階段便是「暴脹」。也就是，「所謂的場位能，類似於真空的能量所引起的超加速膨脹」。

不過，他提出的版本「暴脹」會引發「永恆暴脹」的現象，因此僅憑這一理論是無法成為「解決我們的宇宙早期奧祕的模型」，這一點之前已經討論過了。古斯版本的「暴脹」，假設發生在母宇宙中，為多重宇宙的生成扮演了決定性作用。但這僅是結果，並不足以解決最初的目的，也就是「解開大霹靂宇宙學的矛盾」。

實際上，解開這些矛盾的關鍵，是與古斯所想有些不同的，後來「改良過」的機制所引發的另一種暴脹想法。

這種被稱為「慢滾暴脹」的暴脹，會在沒有泡泡產生的情況下結束。而在我們的宇宙中，這種「慢滾暴脹」所引發的能量會在結束時轉化為熱能，這些龐大的熱能，正是在本講中所討論的高溫高密度的大霹靂宇宙的開始。

當然，一般的大霹靂宇宙學中，在大霹靂後宇宙會繼續膨脹，所以經過一段長時間，例如大約100億年左右，宇宙會成長到某種規模。

儘管如此，為什麼還要特意讓宇宙經歷一個「暴脹」階段呢？原因是，「暴脹」所指的超加速膨脹方式，與大霹靂後正常的膨脹方式完全是不可相提並論的。

若用數學的方式來表達，這是「指數增長」的膨脹。總之，簡直是毫無道理的。具體來說，在大約0.000000000000000000000000000001秒、即小數點後有30個零的時間內，有一個約為0.00000000000001公尺、即小數點後有14個零的與原子核大小相當的範圍，會瞬間膨脹至我們現在所觀測到的「我們的宇宙」的大小，這真的是一種極其瘋狂的擴張方式。

說到這裡，其實當我們談論宇宙時，經常需要寫出像0.0000000000000000000000000001這樣，數字後面排滿了零的情況。這實際上說明了，人類的自然單位和宇宙的自然單位有著巨大的差距。像「秒」和「公尺」這樣的單位，完全是基於人類的感知來設定的（這是理所當然的），當我們用這些單位來描述宇宙的規模時，就會有這樣的情況出現。當然，還有10^{30}或者10^{-30}這樣的書寫方式，不過如果直接這樣寫的話，可能會讓人覺得過於簡單而無感，產生「喔，是這樣喔」不痛不癢的感覺。因此，我特地使用這些繁雜的表示方式，來讓大家能夠感受到這樣的尺度感。

「我們的宇宙」為何如此均勻與平坦，是因為它只是宇宙中極小的部分

假設宇宙的早期發生了暴脹，那麼一致性與平坦性問題的討論，將與宇宙誕生時就處於大霹靂狀態的情況完全不同。

這不僅會改變對應的潘洛斯圖，也與如何將「正確的」潘洛斯圖應用於我們的宇宙如何嵌入多重宇宙的討論有關。但在這裡我將直觀地解釋，為什麼宇宙早期的暴脹（準確的說是慢滾暴脹）能夠解決「地平線問題」與「宇宙過於平坦問題」。

首先是「地平線問題」。這是指為什麼兩個本應無法交互作用的地點，溫度（或密度）竟然如此精確地一致。

對於這一問題，暴脹理論的回答是「實際上這兩個地點曾經交互作用過」。

根據暴脹理論，在大霹靂開始之前，也就是宇宙變得高溫高密度並開始正常膨脹之前，空間以一種瘋狂的速度膨脹。這個膨脹是如此劇烈，以至於暴脹前的一個點，被認為在暴脹結束時已經延伸擴展成一個非常大的區域。

也就是說，在大霹靂宇宙開始時，圖6（頁103）中水平方向上相距很遠的兩點已經接觸過了。也可以說，這是因為圖6顯示的是暴脹後的大霹靂宇宙，點E不再是一個點，而像是從空間軸（水平軸）的一端延伸到另一端。因此，這些已經「接觸過」（註：並且達到熱平衡、相同的溫度）的東西會到達C點和D點，這樣這兩點的溫度相同，就一點也不奇怪了。

換句話說，我們平常所見的區域，也就是「我們的宇宙」目前可以觀測的區域，實際上只不過是暴脹時代或更之前的宇宙中極其的微小部分。

舉例來說，圖8是畫家畢卡索的名作《哭泣的女人》的示意複製圖。畢卡索的畫作從整體來看，不同地方的顏色有所不同，對吧？

如果我們現在看到的整個宇宙，相當於這幅畫的十分之一的區域（X），那麼其

圖8　「我們的宇宙」是畢卡索畫作中的微小部分

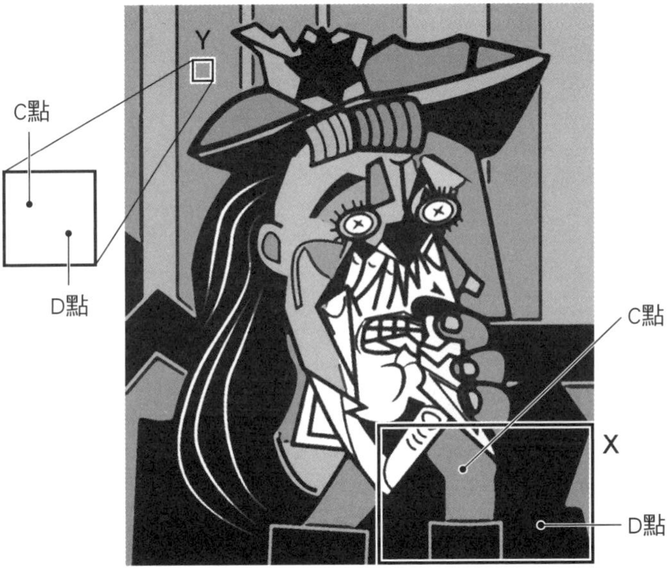

他地方的顏色自然會不同，而C點與D點的溫度自然也不同。但如果我們現在看到的整個宇宙，實際上只是這幅畫的1平方公厘的區域（Y），那麼所有區域的顏色都是一樣也是很自然的。C點和D點的溫度相同，也是很自然的。

換句話說，我們看到的宇宙，並不是畢卡索畫作的全部，而是某一個部分，譬如黑色區域的其中極小一部分。如果我們看到的宇宙只是宇宙的一個極小部分，另一個「宇宙過於平坦問題」，也可以立刻得到解決。因為即使宇宙整體是彎曲的，如果只看其中的一小部分，看起來不會是彎曲的。

這就像我們平時感受不到地球是圓的道理一樣。因為我們生活在地球上的極小一部分，儘管嚴格來說有一點點的曲率，我們卻感覺地面是完全平坦的。

38萬歲的宇宙必須「幾乎」均勻的理由

前面提過，大約38萬歲的宇宙，「其溫度與密度呈現出一個幾乎完全均勻的世界，起伏變化的幅度精確至十萬分之一以內」。

而這個溫度和密度的差異稱為「漲落」，十萬分之一的密度漲落已經是相當驚人的均勻度了。舉例來說，無論你如何攪拌一鍋濃湯，一定會有一些小凝塊。雖然我們沒有進行精確的實驗，但即使是高級餐廳的料理技術，也很難讓濃湯的漲落精確到一百分之一的程度。即使是房間內的空氣，由於上方空氣與下方空氣的溫度差異，產生大約一千分之一的漲落是很容易的。相比之下，十萬分之一程度的漲落，基本上就可以認為是幾乎完全均勻了。

儘管如此，依然堅持使用「幾乎」這個表達，實際上是有理由的。

即使這個差異只有十萬分之一，幾乎微不足道，但只要漲落不是零，就必然會存在密度較大的區域；反之，也會存在密度較小的區域。

只要密度有差異，即使只是微小的差異，在重力的作用下，密度較高的區域會吸引周圍區域更多的物質；相對的，密度稍低的區域也會被吸走更多的物質。

這樣一來，密度較高的地方會變得更加濃密，密度較低的地方會變得更加稀薄。

因此，即使一開始只有一點點的差異，但隨著時間的推移，這些差異會被放大，整體的不均勻也會被放大。

前面也稍微提過，這些微小差異隨著長時間的累積，最終形成了星系團、星系、太陽、地球，甚至是人類的存在。

事實上，這個過程已經可以透過電腦模擬來重現。當我們將早期宇宙中的十萬分之一的密度「漲落」輸入電腦中，模擬出來的結果顯示，密度較高的區域會吸引更多物質，這樣的漲落隨著時間的流逝會被放大，最終形成星系團、然後是星系……甚至是現在的宇宙，幾乎可以完美重現。

但反過來說，這意味著如果宇宙在38萬年前真的是完全均勻的話，那麼今天存在於我們宇宙中的所有結構都不會被創造出來。

如果是這樣的話，問題就來了，為什麼宇宙不是完全均勻的？

此外，儘管暴脹理論解釋了38萬歲宇宙的均勻性，但似乎與宇宙結構的存在互相矛盾。

然而，這裡有一個重大的疏漏，事實上，這些密度漲落的存在，對於暴脹理論來說是必然的。

前面曾說暴脹的快速擴張是一種「瘋狂的擴張程度」，但反過來說，在它擴張到如此瘋狂的程度前的區域，是一個極度微小的世界，所以量子力學效應變得非常重要。正如在第1講中所提到的，量子是以「波～波～波～」的狀態存在，無論我們怎麼做，都是無法避免它的「漲落」。因此，會引起膨脹的「場位能」值，也會具有隨機的擴展性，這機率隨著暴脹的結束，場位能轉換為熱能，並進而轉變為溫度與密度的漲落。這些漲落最終會連結到38萬歲宇宙的漲落。也就是說，38萬歲的宇宙無法完全達到一樣的均勻性，是因為在膨脹期中，量子力學的效應所造成的漲落。圍繞我們的銀河、星球，甚至我們自己，都是因為極微世界中的量子力學漲落，在宇宙早期發生的暴脹過程中被延伸而形成的！

從內部看是無限的，

但從外面看卻是有限的「我們的宇宙」

到目前為止，已經詳細地說明我們的宇宙的歷史，而這與第3講中討論的多重宇宙又有什麼關聯呢？

事實上，如同在第3講中所介紹的，「在母宇宙中，其他種類的宇宙像泡泡一樣不停地生長」這個圖像中，若將這些泡泡視為「我們的宇宙」整體來看，實際上我們的宇宙並不會呈現圖5（頁100）那樣的結構。

如果按照光的軌跡以45度的規則來繪製「我們的宇宙」，那麼我們的宇宙其實應該像圖9所示的那樣。

當然，如同我們所看到的，宇宙在空間上是均勻的，而時間上會發生變化，因此乍看之下，圖5似乎是正確的。然而這就像地球看起來是平坦的一樣，實際上並不正確。

那麼，讓我們仔細思考一下，有關圖9所示的其中一個泡泡，也就是「我們的宇宙」。這個圖中，水平方向的線代表同一時刻的線，而垂直線（向上）則表示時間的推移。

從母宇宙看來，這正是「我們的宇宙」從一個小泡泡誕生並且變大的過程。

圖9　從母宇宙的角度來看，泡宇宙會隨著時間變大

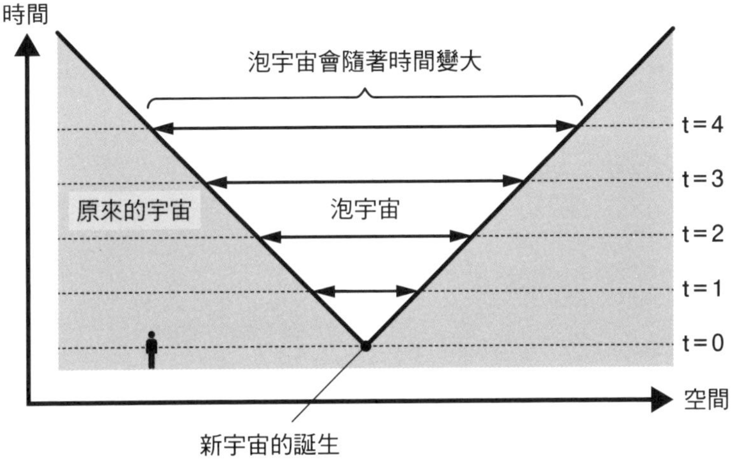

具體來說，圖中的t＝0線表示「我們的宇宙誕生」的時刻。然後，「我們的宇宙」在時刻t＝1的大小，是由圖9中倒三角形內部的最下方雙頭箭頭的長度來表示。在時刻t＝2時，相對應的面積會變大，接著在時刻t＝3時會更大……再接下來的每一時刻又會變得更大。從這個圖表可以看出，「我們的宇宙」的大小隨著時間推移而不斷增大。

但是從觀察的角度來看，正如我們所看到的，「我們的宇宙」是均勻的，也就是說不管走到哪裡幾乎看起來都一樣。因此，我們可能會覺得，真正的時空圖應該像圖5（頁100），而不是前頁圖9。因為在圖5水平空間軸可以無限向左右延伸。

然而，正確的時空圖應該是圖9，而不是圖5。

事實上，如果正確解讀圖9，就可以看到圖所描述的畫面，也就是「『我們的宇宙』是做為母宇宙中的一個小泡泡誕生，並且隨著時間推移而變大」。而且，與「住在泡泡中的觀測者，也就是我們，所看到的宇宙是均勻的，無論走到哪裡都重複著相同的結構，並且有著無限的大小」這樣的描述，完全不矛盾。

從內部看是無限的，但從外面看卻是有限的，這樣的情況真的可以存在嗎？你可能會覺得這不可能。

但實際上，這兩者其實是完全可以相容的。

活動著的人與靜止的人，

時間的流逝速度不同

要理解這一點，我們需要改變某個概念。

這樣的「概念改變」在自然科學的歷史上發生過很多次。例如，「地球是圓的」這一個事實，最初並不是所有人都能接受。其中一個原因是不管你怎麼看，世界都是平的。而更大的障礙是，「下」這個概念。

人們這麼想：「如果地球真的是圓的，那麼在地球的另一邊的人該怎麼辦？他們不會掉到下面去嗎？」這是很自然的想法，因為大家都認為上和下是絕對的。但事實上，「下」是一個次要的概念，是由於牛頓的萬有引力，地球和它的「物體」之間的吸引力而產生的。

換句話說，對於在地球的另一側的人來說，「下」的方向是完全相反的，這告訴我們，「下」不是絕對的，而是相對的概念。因此，為了接受「地球是圓的」這一事實，必須改變我們對「下」的理解。就像「『我們的宇宙』從外面看來是有限的，但從內部看卻是無限的」這個問題一樣，這也是需要改變觀念的。

這裡需要改變的，是「時間」的概念。

時間並不是絕對的，而是相對的，不同的觀測者會以不同的方式前進。這是愛因斯坦在狹義相對論中首次闡明的概念。

讓我舉個例子來說明。

根據狹義相對論，光速對所有人來說都是相同的。

這一點本身就是一個很出乎意料的主張，光是解釋愛因斯坦如何得出這個結論的歷史就足以開一堂有趣的課程，但如果我開始談論這個問題，篇幅就會不夠，所以這裡假設這個結果是正確的。

假設現在有一列高度為1公尺的火車（相對於地面），以接近光速的速度行駛（見圖10）。

圖10　對於不同的觀察者而言，時間的流速是不同的

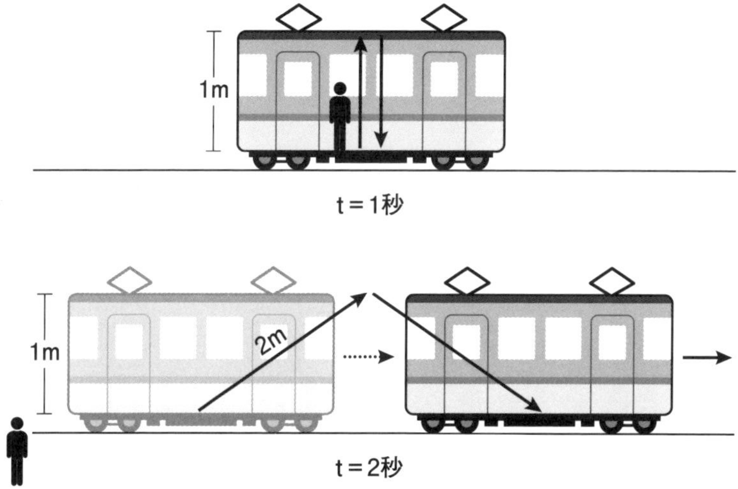

在這列火車上，假設有一道光從地板發射，測量經過天花板反射後再回到地板所需的時間。簡化來說，假設光速是每秒2公尺，這樣光往返的距離為去程1公尺、返回1公尺（前頁圖10的上方圖），所以如果是在火車上做這個實驗，答案就是1秒。在火車上的人與火車一起等速移動，所以火車是否移動並不重要。

然而，同一個實驗中，從火車外面的人看來，光的運動會是圖10下方圖的情況。因為火車在移動，光會沿著火車行駛的方向斜向上到達天花板，然後再斜向下返回地板。因此，光的運行路徑顯然比列車高度1公尺的兩倍還要長，假設這段距離為2公尺＋2公尺＝4公尺，那麼光從發射後返回到地板所需的時間就是2秒。

也就是說，光從地板射出、反射到天花板再回到地板這個完全相同的過程，對火車上的人來說，這個過程只需要1秒；但對地面上的人來說，則需要2秒。

這不僅僅是感覺上的差異，事實上，時間的流逝速度確實不同。對於移動中的人來說，時間的流速比靜止的人要慢。之所以會發生這種情況，這是因為光速對每個人來說都是相同的。既然光速是一定的，若時間的流逝速度不隨著觀測者而改變，就會產生矛盾。

當然，這只是因為假設電車的速度接近光速，所以效果才會那麼明顯。實際上，電車的速度遠遠低於光速，因此即便從外面的人視角來看，光的軌跡也不過是像「走1.0000001公尺，再回來1.0000001公尺」這樣的小幅度偏差。因此，即使嚴格來說時間確實變慢了，實際上我們幾乎無法察覺。

換句話說，之所以每個人的時間看起來都是一樣的，是因為我們彼此移動的速度比光慢得多。畢竟，幾乎不會有什麼物體能以每秒30萬公里（大約是地球七圈半的距離）的速度移動。

由於沒有機會實際體驗，人類很難理解這一點。然而，對於認真從事物理學研究的人來說，時間是相對的這一點已經是理所當然的常識了。在此，我使用了愛因斯坦在一九〇五年所制定的狹義相對論來解釋時間的相對性。他在大約十年後，擴展此理論並發表了包含重力的廣義相對論。

在進行宇宙學研究時，必要的是這個廣義相對論，其中時間變得更加「相對」。舉例來說，地球表面（地面）和上空的時間流速會有些微差異。你可能會認為這樣的奇怪理論只是一些有興趣的人才會探討，但事實上，這一層次的理論已經被應用到現代技術中。例如，GPS統就包含了基於廣義相對論的時間修正，因此才能夠達到如此高精度的導航功能。

當然，如果我們還像100年前那樣生活，可能不需要這些理論，但至少在現代生活中，這些看似有些不可思議的理論，實際上已經變得不可或缺了。

「我們的宇宙」內與外的時間概念不同

在理解了時間概念的變化之後，讓我們回到最初的話題。

對於泡宇宙外的人來說，時間可以如同圖9（頁119）所示。那麼，對於泡宇宙內的人來說，時間會如何變化呢？

就是圖11所顯示的內容。

這個圖中，畫出了「泡宇宙內的人所看到的同時刻」對應的線。t'＝0代表宇宙誕生的瞬間，隨著時間的推移，t'＝1、2……逐漸增大。從這裡可以看出，對於泡

圖11　對於泡宇宙內部的人來說，宇宙的大小是無限的

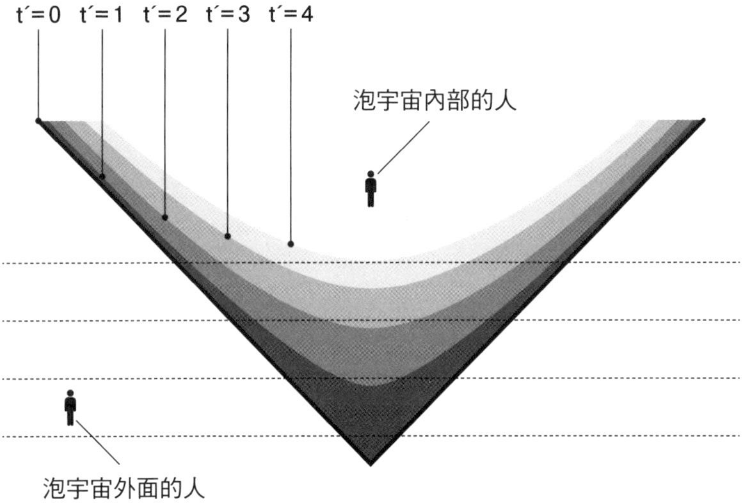

宇宙內的人來說，宇宙從一開始就是無限的。

因此，從我們的角度來看，宇宙是均勻的，這意味著密度和溫度在t'＝1或t'＝2等線上大致相同。

舉例來說，在時刻t'＝1，慢滾暴脹結束，時刻t'＝2的溫度是1億度。對於我們來說，時刻t'＝2的空間方向是沿著t'＝2的線進行的，因此，在這條線上溫度是恆定的，這表示當時的宇宙是均勻的。這一點在之後的時間中也同樣成立，例如在t'＝3的線上溫度是一千度，就表示當時的宇宙在任何地方都是一千度。然而，對於同樣使用圖9（頁119）所示時間的外面的人來說，情況並不是這樣。因此，當泡宇宙內的人對外面的人說：「我們的宇宙是無限大，喔耶」時，外面的人可能會這樣回答：

「不不，你的宇宙是有邊界的啊。看看時刻1的這裡有一道牆，時刻2的這裡又有一道牆。隨著時間的推移，那個有限的大小只是變得更大而已。」

但這對他們兩人來說都是正確的。

這只是內部的人和外部的人對時間的認知差異所造成的不同認識，實際上，兩者都是同等的事實。

無法前往母宇宙，因為它位於「我們的宇宙」的過去

如果其中一個泡宇宙是我們的宇宙，那麼就像在第3講中所看到的，泡宇宙的外圍也會誕生許多其他的泡宇宙。

這個過程用潘洛斯圖來描繪就是下頁圖12。

雖然有些宇宙誕生之後就崩解了（例如因為它們有很大的負真空能量），但也有些宇宙誕生之後，因為機緣巧合可以很長命，並且每個泡宇宙的基本粒子種類、質量和真空能量密度都可能完全不同。然而，大部分泡宇宙的真空能量都非常巨大，因此什麼也無法誕生，但偶爾會有像「我們的宇宙」這樣的條件極為優越的宇宙誕生，而像人類這樣的智慧生命體也恰好在這樣的宇宙中誕生，當他們觀測宇宙時，可能會驚嘆說：「哇，我們真的是超級幸運！」

類似這樣的故事，可以從這張潘洛斯圖中看出來。

從潘洛斯圖中，能夠一眼看出來的另一件事是，我們的宇宙無論如何都無法到達

圖12　我們的宇宙不過是無數的「眾多宇宙」的其中一個

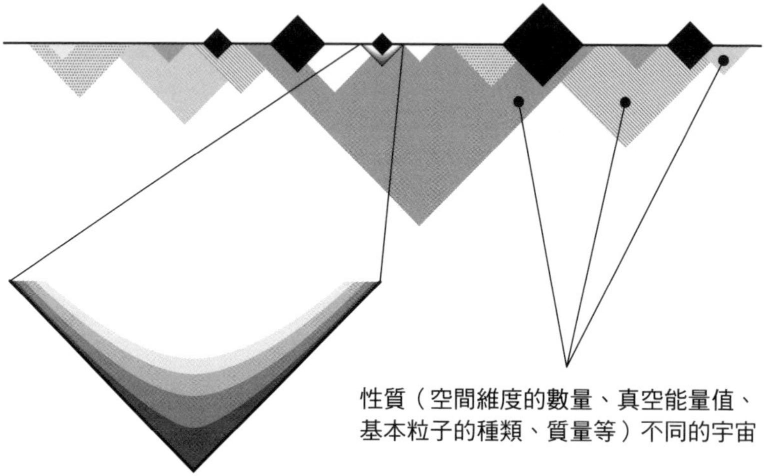

性質（空間維度的數量、真空能量值、
、基本粒子的種類、質量等）不同的宇宙

母宇宙。下頁圖13會清楚地展示這一點。

你可能會想：「為什麼不能直接跨越泡宇宙的牆壁去看看呢？」可惜的是，這是不可能的。

之前說過，潘洛斯圖是根據光的軌跡以45度角畫的，由於沒有任何物體可以超越光速。因此，根據這一理論，我們所能到達的時空範圍只能在圖13的灰色區域內，無法進入箭頭A或B所指的區域。

這不是技術上的問題，而是原理上不可能。

但某種意義上來說，這是理所當然的。

因為對於我們來說，母宇宙的時間早於t'＝0，也就是說，那是過去的事。

而且，從這張圖來看，我們也能明白，關於宇宙的許多問題，實際上是依賴於觀測者的角度。

譬如說，「宇宙的外面是什麼？」或者「宇宙誕生前有什麼？」這些大家經常會問的問題。

但這些問題的答案，必須要指明「從誰的角度來看」才有意義。

圖13　我們永遠無法前往母宇宙

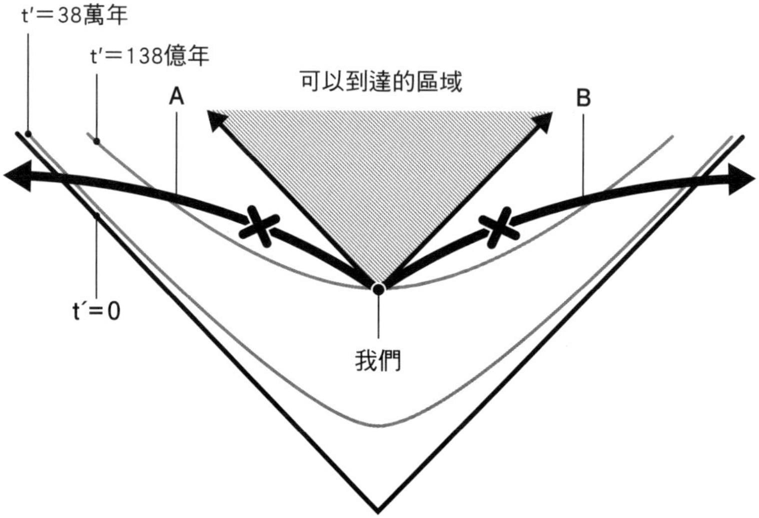

舉例來說，如果有人指著這個潘洛斯圖中的母宇宙區域問說「這裡有什麼？」」對於泡宇宙外的人聽起來像是「那個泡宇宙的外面有什麼？」」，但對泡宇宙內的人來說，那裡的時刻是t'＝0之前，因此他們的問題會變成：「我們的宇宙開始前那裡有什麼？」

換句話說，當發問「時空的某個地方有什麼？」這個問題時，對泡宇宙外的人來說，這是「宇宙的外面有什麼？」的問題；而對泡宇宙內的人來說，這是「宇宙開始之前那裡有什麼？」的問題。

所以，即使是問「宇宙的盡頭那裡有什麼？」這樣的問題，必須先搞清楚是從誰的角度來看這個盡頭，否則這個問題本身就沒有意義。

對泡宇宙外的人來說，「那裡可以看到的宇宙的盡頭之外是母宇宙」是合情合理的；但對泡宇宙內的人來說，「不，根本就沒有盡頭，外面根本不存在」才是答案。

當然，如果我們認為「我們的宇宙」就是宇宙的全部，這樣的討論其實是無從開始的。

總之，當我們改變概念，認為「我們的宇宙」只是多重宇宙中的其中一個，將能夠獲得全新的宇宙視野。

第5講

多重宇宙的宇宙學現況

計算與觀測皆逐漸確立的暴脹理論

理論物理學的預言，或許比許多人想像的還要驚人。

如第4講所提到的，「我們的宇宙」所有結構的起源，可以追溯到誕生後大約0.0000000000000000000000001秒左右發生的（慢滾暴脹）暴脹過程中，其「量子力學效應」的副產品「漲落」。

反過來說，正是因為那時「量子力學效應」的作用，才有今天的我們。

事實上，根據量子力學理論，這些「漲落」的模式是可以精確計算的。

此外，如果將這些模式透過「一瞬間宇宙從原子核的大小擴張到目前可觀測到的整個宇宙規模」的暴脹來延伸，並且傳播到38萬年後，這個計算也是可能的，其結果正是圖14中的實線圖形。

另一方面，圖15展示的是二〇〇九年由歐洲太空總署（ESA）發射的PLANCK衛星所觀測的宇宙微波背景輻射全天圖。

圖14　宇宙微波背景輻射的漲落的計算結果及觀測結果

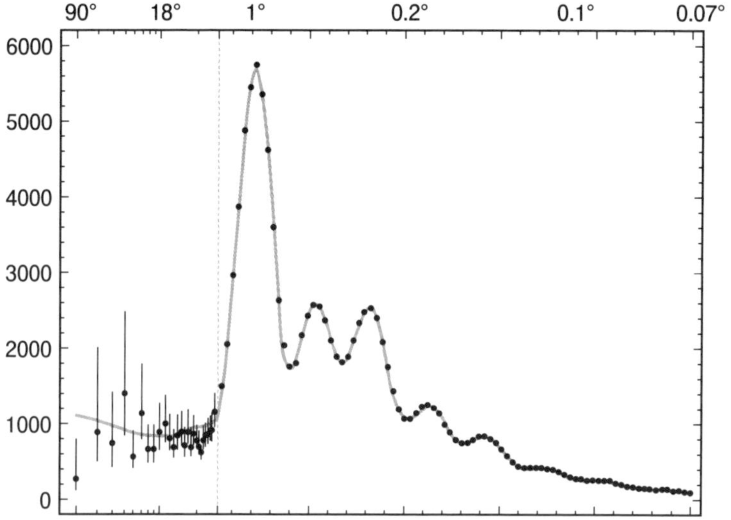

圖15　2009年製作的全天圖

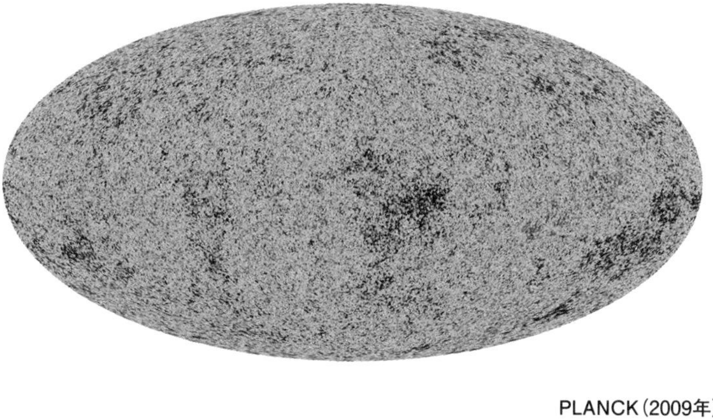

PLANCK（2009年）

這張圖經過詳細分析後，顯示了宇宙微波背景在不同兩點之間的漲落程度，這些數據也就是前頁圖14的點分布狀況。

如何？結果一目了然地完全一致對吧。

「量子就像是『波～波～波～』的波動狀態，所以會有漲落，那麼如果從那裡突然間快速擴張開來的話，也許就會形成宇宙吧」，並不只是這種模糊的想法。理論物理學早就已經達到了一個境界，可以把我們從未親眼見過、也去不了的138億年前那遙遠過去的宇宙歷史痕跡，精細地計算出來。

當然，觀測技術的發展也是令人驚嘆的。

例如，圖16展示的是一九九二年NASA與我在加州大學柏克萊分校的同事喬治・斯穆特（George Smoot）團隊，使用COBE衛星首次發現宇宙微波背景輻射漲落時的全天圖，這個團隊後來也因此獲得了諾貝爾獎。然而在那時，這些資料仍顯得有粗糙感。

下方的圖17展示的是二〇〇一年NASA和普林斯頓大學團隊使用WMAP衛星的觀測資料，到這個時候，解析度已經變得清晰許多。

圖16　1992年製作的全天圖

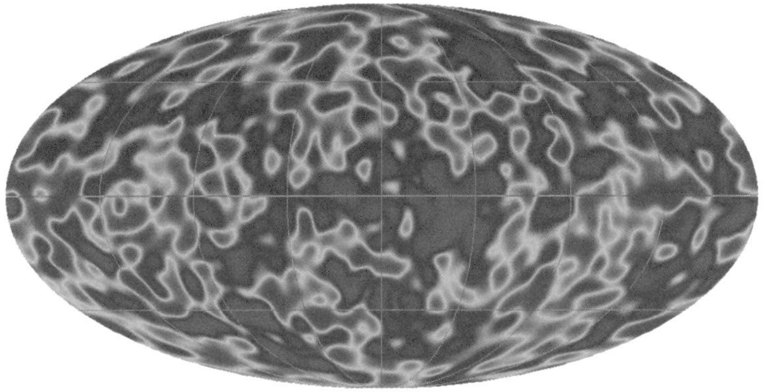

COBE（1992年）

圖17　2001年製作的全天圖

WMAP（2001年）

如果再回過頭來看前面的圖15（頁137），會發現精確度有了進一步提升。

也就是說，這些研究以極快的速度進展著，正是這些進展讓一九八〇年代就存在的暴脹理論預言得到了確認。

雖然多數科學家都認為，暴脹理論尚未像大霹靂理論那樣完全確立，但也經過了相當多的檢驗，我認為它被認可為精密科學的日子已不遠了。

占據全部物質質量五分之四的未知存在「暗物質」

我們的宇宙的另一個特性，其存在已被理論計算和觀測所證實，那就是「暗物質」。第1講曾經稍微提及過。

就像地球繞著太陽轉一樣，太陽系也被銀河的中心吸引，並繞著它運行。

然後，繞行的速度取決於受到的重力有多強。

反過來說，通過測量包括太陽系在內的行星系繞銀河中心的轉速，可以知道受到了多大的重力作用。從而可以計算出質量，並於理論上推算出整個銀河系的質量。

然而實際上，即使將所有觀測到的星球和氣體的數量加總起來，仍然明顯不足以達到理論計算的質量。

為了解釋實際發生的重力作用，我們必須假設存在一種看不見的（註：與電磁場沒有交互作用），但擁有質量的「某種什麼」。

這個「某種什麼」，正是所謂的「暗物質」。

儘管「暗物質」這個名稱聽起來有些像配角，但從觀測到的星球和氣體數量**完全**不足以構成應有的質量的事實可以看出，「我們的銀河系」幾乎都是由這種暗物質構成的。具體來說，宇宙中所有物質總質量的五分之四左右來自暗物質。

在第4講談過，若對（38萬歲的）早期宇宙中的10萬分之一密度的「漲落」進行電腦模擬，就能幾近完美地重現現在宇宙的面貌。但其實，這個模擬如果不考慮暗物質的存在，就不會符合觀測到的事實。

因此，暗物質的存在已被確定，但還不了解其詳細的性質。目前世界各地的研究人員，包括我的同事和日本的團隊，仍在日以繼夜努力探測這個看不見的暗物質。

也許不久的將來，我們會聽到「暗物質，終於被檢測到了！」這樣的新聞。我建議你先記住它的存在，好讓你到時可以一臉得意地向身邊的人解釋。

關於多重宇宙的宇宙學是哲學般紙上談兵的「誤解」

在第1講中，我曾經宣告過：「如果『我們的宇宙』之外真的存在另一個宇宙，不過彼此之間無法互相觀察、也完全沒有任何關聯，那麼在科學上就無法進一步的檢驗，就只能算是科幻小說了。」

接著在第4講中，我又解釋了：「（對我們來是過去的）母宇宙對我們來說是絕對無法到達的」這一點。那麼關於多重宇宙，科學是否就束手無策呢？絕對不是。

因為「無法到達」與「無法建立關聯」，是兩件完全不同的事。

如果科學範疇只關注那些能夠直接到達的事物，那麼研究恐龍相關的古生物學和考古學，甚至研究大霹靂的工作，這些也都不應該算是科學了。

的確，我們無法前往母宇宙並直接觀察它。再強調一次，這在原理上是不可能的，因為它屬於過去。而且，我們直接前往（例如可能在我們的宇宙中誕生的）另一個宇宙的可能性也極為渺茫。

然而，儘管我們無法直接到達或觀察，至少原理上我們還是能通過精密的觀測、接收來自母宇宙的信號，並透過解析這些信號來「看見」一些東西。

雖然我們無法回到恐龍時代，但正如透過研究牠們留下的化石等遺跡來建立古生物學，道理是一樣的。

當然，我們擁有許多能夠預言新事實的理論。

首先是理論的提出，最初被認為是不可能的預言，然而最終透過後續的觀測得到了證實，這樣的案例在我們之前談論的過程中屢見不鮮。

而且，關於多重宇宙的宇宙學的預言，也曾經被認為過於「不合常理」，直到最近才開始被認真對待。因此，如何從觀測角度進一步檢驗這個理論，將成為未來的課題。

除此之外，毫無疑問的，多重宇宙論至少在目前幾乎是唯一能觀察到宇宙加速膨脹的理論。因此，我認為我們應該更加認真地研究，仔細檢討是否有可能成為進一步證據的東西，並測試所有可能的選項。

從歷史來看，已經逐漸被接受成為精密科學的暴脹理論，一開始是為了解決「地平線問題」和「宇宙過於平坦問題」的理論，還被認為是為了解決某種「哲學」問題而出現的無法驗證的理論，其實並不奇怪。此外，古斯最初的想法也絕非完美。

然而，正是因為有一些人沒有否定暴脹理論有「成為科學」的可能性，並且深入研究細節，才能夠預測到「漲落」的存在，並且提出了將全天圖中的「漲落」進行解析的想法，最終得出「哇，完美契合！」的結論。

如果當時人們沒有認真對待提出的理論，那麼「漲落」的預言就不可能出現，而且即便觀測技術進步，有能力可以製作全天圖時，也不可能知道這些數據代表了什麼。

儘管有這樣的歷史，至今仍然有不少人對多重宇宙的宇宙學抱持「這種東西不可能是科學」的想法。

但是我認為，像這樣從頭就擺著懷疑的姿態、而不認真對待這些理論，是非常危險的，這是一種錯誤的思維方式，並且可能會妨礙科學的發展。

根據往後的觀測結果
多重宇宙的宇宙學被否定的可能性

如果「我們的宇宙」是由永恆暴脹所產生的無數泡泡之一，那麼可以用數學方法證明，對於生活在氣泡中的我們來說，同一時間所對應的空間必然具有負的曲率。

如何進行這樣的證明不是本篇的重點，因此這裡就不詳細說明。但請理解，如果「我們的宇宙」真的是其中的一個泡泡，並且其結構如圖11（頁127）所示，那麼「我們的宇宙」必然具有「負曲率」。

要確定是否存在「負曲率」，最好的方法是實際測量。然而，「我們的宇宙」非常龐大，即使在那附近的空間測量，也只會得到曲率為零的結果。即使曲率有偏離零的情況，如果不畫出宇宙規模的三角形，這個偏差也無法被觀測到。

你可能會認為畫出「宇宙規模的三角形」是不可能的，但正如前面所說，得益於觀測技術的顯著進步，這樣的觀測已經成為可能。

當然，並不是實際畫出三角形，而是利用一個小技巧，測量來自遠距離且已知距離的兩點之間的光線角度。無論如何，事實上可以畫出這樣的三角形，並且可以測量其內角和。

目前，實驗觀測到的宇宙規模的三角形內角和與180度的偏差，只能說大約在1度以內，因此，根據目前的觀測精確度，我們無法肯定或否定多重宇宙的存在。

然而，這個觀測精確度，預計在未來數十年內會提升到正負0.1度或正負0.01度的水準。如果未來的觀測確定宇宙的曲率為負，那就不得了了。當然，僅僅這樣並不能完全確定多重宇宙，但至少可以說，這個理論通過了一項重要的檢驗。

此外，即使曲率在觀測誤差範圍內為零，也不意味著多重宇宙就被否定。那是因為根據多重宇宙，我們的宇宙的曲率應該為負，但具體的負數是多少仍然未知。例如，假如宇宙規模的三角形其內角和為179.9999度，這在觀測上將無法區分與180度的差異。

然而，如果未來的觀測確認我們的宇宙的曲率為正，例如，觀測結果的中位數為180.5度，且誤差為0.1度，那麼，「我們的宇宙是泡泡之一」的假說，將會在那一瞬間被否定。那麼，我在這本書裡所談過的多重宇宙的宇宙學，大部分都變成假的，都會被否定，成為不幸夭折的結局。

多重宇宙的宇宙學是貨真價實的科學

「都談到這裡了，還說這可能是假的是怎麼回事？」你或許會這麼想，但這恰恰是多重宇宙的宇宙學成為科學的證明，因此是有風險的。

哲學家卡爾·波普爾（Sir Karl Raimund Popper）在一九三四年所寫的著作中，提出了「只有原理上『有機會被證明是錯的』東西才能稱為科學」這一個理論。從此，科學界開始重視「可證偽性」的問題。

舉例來說，如果有人提出一個理論：「大家認為是恐龍骨頭的東西，其實是很久以前搭乘ＵＦＯ來到地球的外星人所製造的。」

這是多麼古怪的說法啊。可是，這種可能性並不完全是零。

那麼，這樣的理論可以算是科學嗎？

來想像一下，這個理論的提出者和反駁他的古生物學家之間會有怎樣的對話。

古生物學家：「等等，你說這些骨頭是搭乘ＵＦＯ來到地球的外星人所製造的，可是不僅是骨頭，我們還發現了恐龍的足跡，這可是恐龍存在的最有力證據吧？」

ＵＦＯ理論提出者：「不不，那些足跡也是搭乘ＵＦＯ來到地球的外星人製造的，所以我的理論沒錯。」

古生物學家：「即使你這麼說，但這些骨頭都來自於特定的地層白堊紀。這就證明恐龍曾經在那個時代存在，不是嗎？」

ＵＦＯ理論提出者：「不，因為ＵＦＯ只在與當時對應的地層中留下了骨頭和足跡。」

這樣的討論只會陷入死循環，可能永遠不會結束。

僅僅從這段對話來看，就能明白「恐龍的骨頭其實全部是搭乘ＵＦＯ來到地球的外星人製造的」，這個假說不可能是科學。

原因不在於這個理論有多荒謬。而是因為不管提出什麼證據，這個理論的提倡者都能將其歸結為「外星人的所做所為」。

換句話說，「外星人從遠古時代搭乘UFO來到地球並製造恐龍骨頭」這個理論，無法被證明為偽。也就是說，這樣的理論沒有可證偽性。

然而，多重宇宙的宇宙學是不同的。

先不論能不能找到證據，一旦有證據顯示「我們的宇宙」的曲率是正的，很簡單就可推翻多重宇宙的宇宙學，這就是「可證偽性」的意思。

當然，「好吧，我們到宇宙外面去看看是不是真的」這樣的事是不可能的，能做的一切都是間接的，觀測結果也需要絞盡腦汁靠理論來深入解釋，所以毫無疑問，多重宇宙的宇宙學是一個非常困難的領域。

不過另一方面，確保了可證偽性，表示已經成功克服了這個實際上非常高的門檻。因此，多重宇宙論完全符合傳統科學方法，是貨真價實的科學（註：只是對不對還有待驗證）。

與「我們的宇宙」相似結構的宇宙可能無限的存在

「我們的宇宙」是由「永恆暴脹」所產生的泡泡中的一個，而超弦理論的基本方程式預言，「宇宙結構的多樣性」有超過10的500次方的變化。

這樣說來，和「我們的宇宙」不同類型的宇宙，也就是在基本粒子的種類、質量、真空能量密度等方面存在差異的宇宙，做為不同的泡泡存在，數量必然也超過10的500次方個。

這已經在圖12（頁130）中顯示出來了，但是就像那張圖所描繪的，這些泡宇宙的生成，基本上可以在任何宇宙中發生，所以多重宇宙的實際結構是很複雜的，就像「碎形」一樣，其中的泡宇宙是嵌套在許多層中的複雜的結構。

而且，超弦理論基本方程式預言的數量，僅僅是不同「類型」的宇宙數量而已。

由於永恆暴脹產生的泡宇宙會持續無限進行，所以相同類型的宇宙也會有複數個，甚至無限多個。

當然，如果真空的能量是負的，且其絕對值較大，那麼所產生的宇宙可能會迅速消失。但如果不是這樣的情況，宇宙將會持續很長的時間。

因此，與「我們的宇宙」相同類型的宇宙，也就是運行著與我們相同或非常相似的基本粒子定律、並擁有類似智慧生命體的宇宙，應該會有很多。

既然無數的泡泡是由量子力學效應所產生的，那麼「我們的宇宙」這樣的宇宙不會只有一個。

本來量子力學就不是說「在這裡」或者「在那裡」，考慮到的是出現機率的分布。因此，去數「有幾個」本身可能就沒有太多意義。

是否在另一個泡宇宙中存在「另一個我」？

如果說在與「我們的宇宙」相同或類似的定律下，宇宙是隨機分布的，那麼也意味著，與我們類似的智慧生命體也是以隨機的方式分布在其他地方。

那麼，就可能存在這樣的情況：某些宇宙中的我，可能在經歷上有些微差異、或者髮量有所不同，甚至可能帥氣度美麗度略有不同，還有稍微不同的人生故事，諸如這些不同的世界存在的可能性。

當談到這樣的話題時，有人會問：「那麼，是否有另一個我做為大谷翔平存在於另一個宇宙呢？」如果那個人長得像大谷翔平，並且打棒球的技術也非常棒，那麼，這樣的人是否還能被稱為「另一個我」呢？

這就變成了詞彙的定義問題。當和哲學家談論到「宇宙是否有邊界」的主題時，如果我們不先定義「宇宙」是什麼，這場討論根本無法進行。

如果我們把依照相同基本粒子定律運作的宇宙稱為「我們的宇宙」，那麼至少依照不同定律運作的宇宙，就是「我們的宇宙以外的宇宙」。換句話說，做為一個概念，「我們的宇宙」之外可以有其他宇宙。如果用這樣的概念來定義「宇宙」的話，那麼也可以說「宇宙有邊界」。（不過，如同在第4講所說的，只要使用對「我們的宇宙」中的觀測者來說自然的時間來描述的話，空間上無論怎麼走都不會有盡頭。）

如果我們將包含所有的母宇宙、子宇宙以及其他的泡宇宙全包含的集合體都統稱為宇宙，那麼，即使是多重宇宙的概念，也可以視為宇宙只有全包含的那一個。但如此一來，就可以說這個「宇宙」本身沒有邊界。

所以這問題的核心其實不是科學，更不是哲學，單純是語言學上的問題，只不過是如何定義「宇宙」這個詞彙的問題。

至於「另一個我」是否存在，也是同樣的問題：如何定義「另一個我」。

如果只是髮型稍有不同，那或許可以稱之為「另一個我」；但如果經歷完全不同，外貌完全沒有「我的要素」，那麼我們就無法稱它為「另一個我」了。

那麼，若是差異性處於中間值的「另一個我」呢？

如果外貌相似但經歷不同呢？

反之，如果經歷相似，但外貌大不相同呢？

如果我們定義為「此時此刻的我」，那麼就會發現「另一個我」其實並不存在。

是否在另一個宇宙中有別的「我」，最終取決於我們如何定義「我」。

在量子力學中，萬物都依機率決定，所有可能的情況都會發生，並且會分裂成無數條不同的路徑。因此，可以確定的是，總會有與你略有不同的某個「什麼」持續地出現，而且這某個「什麼」是無限多的。

正如電子的情況一樣，這只是機率分布的結果，因此它總會帶有不確定性。換句話說，當我們定義「我」時，無法完全精確，總是會有一定的「範圍」需要考慮。

這正是量子力學效應所引發的泡宇宙的宿命。

「發現新理論」並非意味著「舊理論變得無效」

簡單來說，科學是基於當時「最有可能的想法」，將其整理成數學公式。科學的進展就是根據逐步積累的證據，用「如果不是這樣太奇怪了」或「目前看來這是最自然的推論」來構建理論。

在本書中我多次使用「毫無疑問」和「確定」這些詞語，但當這些詞語用在某個理論上時，必須嚴格地以「以我們目前的知識而言」或「至少在我們所思考的領域的近似意義上」這些詞語來補充。

舉例來說，牛頓力學在物體的速度接近光速的區域中，必須擴展到包含相對論效應，而在超微粒世界中則被量子力學所取代。

然而，這並不意味著牛頓力學是「錯誤的」（意指已經完全無法使用），在它一直行之有效的領域中，仍會是一個「良好理論」。

新理論的發現並不意味著舊理論必須被完全拋棄，而是「原來我們一直使用的理論是一種近似理論，只在某些條件下有效」。

但這種情況引發了一個問題：「物理學家如何確保他們今天行得通的理論，將來依然能夠成立呢？」

對於這樣的提問，我無法給出保證。坦白說，不過就是「至今還算行得通」罷了。進一步說，今天可用的物理學理論，明天也有可能變得無法使用，這也不是完全不可能。但如果這麼說的話，科學就無法成立了。從這個意義上來說，科學無論如何走得多遠，終究都是經驗科學。

然而，這與之前提到的發現新理論完全不同。再重複一次，發現新理論並不是說舊理論會突然毫無理由地變得完全無法使用。而是人類探索了新的領域，並發現舊有的理論無法完全涵蓋的情況。

多重宇宙論並不是說我們之前所明確揭示的宇宙學，例如大霹靂宇宙和宇宙早期的暴脹是「錯誤的」。換句話說，並不是說它們完全無法使用。

這些理論在「我們的宇宙」這個泡泡中實際上是發生的。多重宇宙論只是在說，自然界中存在著超越這些理論的更廣大世界而已。而在那樣的廣大世界中，我們認為是自然界基本定律的一些東西，例如基本粒子的標準模型可能會被迫修正。

我們所觀察到的宇宙加速膨脹的這個世紀觀測結果，透過超弦理論或永恆暴脹等理論物理學的幫助，揭示了我們的宇宙可能只是更廣大世界中的一小部分，這是一個令人震驚的發現。

考慮到迄今為止的科學歷史，即使多重宇宙的宇宙學最終被證實為「正確」，也不排除會在某一天需要進一步修正。但我個人認為，首先應該全面且徹底探究我們現在所擁有的這一個新的宇宙觀，這是當前我們所需要做的事情。

第6講

娛樂作品中的多重宇宙

近年的科幻作品中融入了多重宇宙論的精髓

我個人並不算經常觀賞這類作品，但無論是在電影還是漫畫中關於多重宇宙的描繪，公私兩方面我經常會聽到一些來自這領域專家的看法。

我的基本立場是，不管內容如何，從不會有「這樣的事不可能發生，真可笑」的感想。當然，「理論上這不可能」這樣的想法偶爾會閃過腦袋，但即使如此，我也不會因此生氣說「這樣的錯誤描寫會讓觀眾或讀者誤解！」，或者表示「多重宇宙」這個概念沒有準確使用就不行，這樣的固執立場我是不認同的。娛樂和科學是兩個不同的東西。

如果某部作品能夠從物理的理論中汲取靈感，創造出有趣的故事，那反而是一件非常棒的事。如果透過這些作品，能讓更多人了解多重宇宙這個詞，而且對理論物理學或量子力學產生興趣的人有所增加的話，那做為一個從事這方面工作的人，說實話我會感到很開心喔。

首先，即使是被稱為「多重宇宙題材作品」，多重宇宙也只是讓作品變得有趣的工具。而我做為一個物理學家，經常會對它們的運用方式感到佩服。

近年來，我看過《蜘蛛人：無家日》（二〇二一年上映）和《媽的多重宇宙》（二〇二三年上映），在觀看這些作品時，不禁會驚嘆：「原來是這樣利用多重宇宙的啊！」

這兩部作品中包含了像是超弦理論、額外維度和泡宇宙等各種理論精髓，我在這本書都有提到，這也讓我有一種「熟悉的東西出現了」的感覺，覺得很新鮮。

所以，已經看過這兩部電影的朋友，如果能在了解這些詞語的含義和梗概後，再次回顧這些作品，應該能以不同的角度觀看，這樣會變得更有趣喔。

娛樂作品中描繪的多重宇宙存在的可能性？

在我清楚表達基本立場之後，如果從科學的角度來談，可以說，無論是《蜘蛛人：無家日》還是《媽的多重宇宙》等涉及多重宇宙的娛樂作品，這些作品必定有的共通點，即是創作。

也就是，角色們進行某種「量子式的」的移動，在不同宇宙之間來回穿梭。

至少目前為止，科學界的共識是，人類這樣的大物體不會受到量子力學效應的影響。所以，從這個角度來看，這部分可以說是非科學的。

但另一方面，設定上可以成立，正是娛樂的優勢所在，也是娛樂的樂趣之一。

但事實上，只要控制得宜，讓分子這麼小的東西以量子方式移動，在技術上是可能的。所以或許在遙遠的將來，有可能對人類這樣的宏大物體，進行某種本質上的量子力學操作，這種可能性是存在的。

此外，在電影和漫畫中描繪的「另一個宇宙」，大多數時候，會出現與我們人類極為相似或稍微不同的人類角色。

既然有這樣的生物存在，那麼在那個宇宙，肯定是與「我們的宇宙」運行著相同或非常相似的基本粒子定律。

為了避免劇透不應該再多說，但在《媽的多重宇宙》當中，的確有展示沒有人的宇宙。不過，僅就那些場景來看，或許只是剛好沒有人，但依然是以相同的定律運行的宇宙。

也就是說，很多電影所處理的多重宇宙，與其說是和「我們的宇宙」不同，更像是僅僅歷史不同的宇宙。或者換句話說，這是由量子力學效應而分化出來的宇宙。

實際上，《媽的多重宇宙》中有些場景讓我聯想到這一點。那麼，首先可以考慮的「另一個宇宙」所在的位置，是圖9（頁119）和圖11（頁127）中所示的逆三角形內的區域，也就是「我們的宇宙」所在的同一個泡泡內的遙遠地方。這是最想當然爾的想法。而在同一個泡泡內的相對較近的地方，例如我們目前能夠觀測到的部分，似乎不會有與地球幾乎相同、只在歷史上有些微不同的世界。

然而，正如我在解釋圖11時所說的那樣，對我們這些住在泡泡中的人來說，宇宙的大小是無限大的。如果宇宙是無限大的，那麼在某個地方，一定會有與我們周圍的世界幾乎相同、唯獨歷史不同的世界。

這意味著，所謂來回穿梭於那兩個世界之間，實際上不過是在空間上遠離的地方來回穿梭而已。正如第圖13（頁132）所示，根據相對論，在同一時刻（同一t'）

下，跨越空間上遙遠的地方來回穿梭是無法實現的，因為這樣意味著超過光速移動。

因此，根據當前的理論物理學，我們無法在我們的世界、和同一個宇宙中遙遠的類似世界之間自由來回穿梭。

此外，在這些電影或漫畫中所描繪的「另一個宇宙」，也有可能是圖12（頁130）中所顯示的另一個泡宇宙。如果是這種情況，那麼只要那個泡宇宙的條件（如基本粒子的種類、質量、真空能量密度）與「我們的宇宙」剛好相同，那麼它將按照和「我們的宇宙」相同的物理定律運行。

然而，正如第4講中所提到的那樣，從「我們的宇宙」往外看，外面的宇宙對我們來說是過去的。因此，至少從「我們的宇宙」出發去到那裡，是無法實現的。如果硬要讓我們來回穿梭，必須加入類似時光機的元素，然而這在現代的理論物理學中被認為是不可行的。

因此，即使在這種情況下，讓我們的宇宙和另一個宇宙之間自由來回的設定，從科學角度來看，很遺憾的仍然難以實現。

另外，還有一種可能性是，這些「別的宇宙」存在於額外維度中的不同膜宇宙。

在這種情況下，這些「看不見但實際上非常接近」的宇宙，是有存在的可能性。不過，由於膜與膜之間自由穿梭在原理上也非常困難，這種可能性幾乎為零。

為什麼呢？因為基本粒子、人類，甚至光（事實上光也是基本粒子）都被限制在同一膜上。因此，即使在這種情況下，最終結論還是無法自由穿梭於不同宇宙之間。

總的來說，這些都是科學的觀點，雖然從科學角度來看這些設定令人失望，但在娛樂領域中，將異世界自由來回的設定加入其中，無疑會提升其娛樂性。

而且如果不加入這樣的設定，從娛樂角度來看，可能多重宇宙和平行世界所能提供的內容就非常有限了……

即使可以乘坐時光機前往未來，也無法回到過去

如第4講中所提，根據相對論，處於運動中的人比靜止的人，時間過得更慢。

因此，如果有一種速度接近光速的交通工具，並且在這個工具中度過時間，那麼，在這個交通工具外流逝的時間與在交通工具內流逝的時間會有所不同。就像浦島太郎的故事，外面的時間已經過去很久，而自己卻仍然保持年輕，這在理論上是可能的。如果將這稱為時光機，那麼前往未來是有可能的。

例如，若以光速99.5%的速度移動，與周圍的時間差異會是大約10倍，這意味著自己度過了1年，周圍則經過了10年。如果要將時間差放大100倍，那麼所需的速度是光速的99.995%。然而，要從那裡再回到過去，是無法實現的。

雖然透過牛頓力學或量子力學等物理方程式，可以讓時間反向運行，但所謂的反向運行，所顯示的現象是，自己和周圍的時間會一起反向運行。這就像把世界歷史比做一部影片，將整個影片倒放（註：指「時間反演對稱性」（time-reversal symmetry），看起來依然符合物理定律），而這並不意味著可以回到過去。

回到過去的意思是，自己的時間會向前進行，記憶等會繼續增加，然而周圍的時間卻會倒流。換句話說，回到過去的時光機，必須同時改變自己和周圍時間為反向的流向，這在目前的物理學理論下是無法實現的。

如果仔細思考，許多以時間旅行為主題的作品中，多數的情節，都會描繪角色前往未來或過去並努力改變歷史。

有名的例子像是《回到未來》（一九八五年上映），這是時間旅行的典型例子，但實際上，這並不是角色回到與「現在的自己」的宇宙相連的過去，而是他們進入了一個「歷史不同的宇宙」。因為從定義上來看，若是真的回到「現在自己所處的世界的過去」，那麼無論在那裡做什麼，當下自己所在的世界也不會改變。

《回到未來》雖然完全沒有出現有關宇宙的元素，但如果稍微換個角度，可以說是布朗博士和馬蒂在不同歷史的各個宇宙之間穿梭的「多重宇宙題材作品」。

另外，如果從這個意義來說，《哆啦A夢》也是一樣呢。哆啦A夢帶著野比大雄乘坐時光機前往未來，並在那裡遇見未來的自己。然而，如果這個時光機只是利用相對論的效果來調整周圍的時間，那麼未來不會有另一個野比大雄存在。所以，未來遇見的大雄應該是來自另一個宇宙的不同的大雄。

從這個角度來看，這並不是原來世界的未來，而是歷史不同的「另一個宇宙」。然而以這種解讀方式，依然能夠感受到多重宇宙的氣息。

對於多重宇宙的描繪科學比起娛樂更離奇

這樣看來，多重宇宙的世界觀，去除能否自由來回的決定性因素，與娛樂世界的契合度是很高的。不過，冒著被誤解的風險說，多重宇宙論所探討的多重宇宙，實際上是更為離奇、戲劇性的。

因為，根據多重宇宙論所想像的宇宙，種類至少有10的500次方，這些宇宙的歷史、基本粒子的種類、質量、真空的能量密度，甚至空間維度都有差異。總之，它們是各種混亂的存在。

也就是說，如果單論多重宇宙本身，與什麼都可能發生的娛樂世界相比，科學反而是在思考更為瘋狂的事。

相信這一點，從開頭閱讀到這裡的大家都很清楚才是。

娛樂作品所描述的宇宙，僅是多重宇宙論所設想的眾多宇宙中，其中的一小部分。畢竟，這10的500次方種類的宇宙，每個宇宙都有不同的基本粒子種類、質量和真空能量密度，而其中很多宇宙因為真空能量密度過大，會很快消失，或者加速膨脹，導致無法形成有結構的宇宙。

另一方面，如果真空的能量足夠小，或許可能會以某種「還算像樣的宇宙」的方式存在，但除非基本粒子的種類和質量的數值很幸運的非常合適，否則不會形成像「我們的宇宙」那樣的結構，也不會誕生像我們這樣的生命體。那些與「我們的宇宙」中基本粒子的種類、質量和真空能量密度不同的宇宙，顯然無法使用「標準模型」來描述，但根據量子力學和超弦理論的框架來考慮的話，幾乎可以確定這樣的宇宙大多數可能什麼也沒有。

也就是說，大多數的多重宇宙，基本上是什麼也沒有的宇宙。這樣的背景拿來說故事，就一點都不有趣了。

因此，娛樂中能使用的多重宇宙，通常是「有不同歷史的宇宙」。如果這些宇宙不是這樣的話，那麼即便是人類，甚至外星人，都無法在其中誕生，完全無法構成故事情節。

反過來說，在做為科學的多重宇宙的宇宙學中，關鍵在於我們所認為的物理定律，例如原子和電子可能會改變，還有真空能量也會改變。這些變化非常重要，因為如果不是這樣，就無法使用溫伯格的理論。

換句話說，科學界的關注焦點，實際上是那些對娛樂來說沒有意思、基本什麼都沒有的、不起眼的宇宙。正因為這種什麼都沒有的宇宙多不勝數，長久以來的謎才得以解開。

雖然同樣是多重宇宙，娛樂和科學所關心的地方是不同的。

而這種差異，正是來自於娛樂與科學在立場上的不同。娛樂的發想是「如果有這樣的東西就有趣了」，而科學的出發點則是追求最合理的理論來解釋某種現象。

不過，關於有10的500次方種類個宇宙這種事，若沒有來自物理學提供的知識，可能很難想像這麼離奇的話題，看來似乎娛樂界已經開始對這些事情產生興趣。而這樣的離奇想法，我認為未來很可能會以某種形式成為娛樂故事的重要部分。

「外星人」可能存在，但地球被攻擊的可能性極低

在許多講座中，我經常被問到「外星人是否存在？」這個問題，而根據多重宇宙論，對這個問題的回答，在「物理學上」是相當清楚的。

「我們的宇宙」在空間上是無限的，而且「我們的宇宙」之外還有其他泡宇宙，因此在這些泡宇宙中，必然存在某種形式的生命體。

然而，當問到這些生命體是否是「外星人」時，此時又需要定義什麼是「外星人」了。

如果把住在「另一個宇宙」的生命體稱作「外星人」，那麼即使是「另一個我」，那也是外星人。因此，在量子力學效應下分化的平行宇宙中，這些所謂的外星人很可能會分布在各處。

但如果我們將漫畫中常描繪的那種與我們人類外觀完全不同的生命體定義為「外星人」，那麼這會涉及到生物演化的問題，為了達到那種外星人樣貌，許多條件必

須大幅改變。因此，這種可能性或許會比「另一個我的宇宙人」要低。儘管如此，即便我們生活在地球上，過去也有一些怪物般的、讓我們無法理解的生物存在過。因此，即便存在和我們完全不同的智慧生命體，我們也不會感到驚訝。

另外，我經常被問到的一個問題是，是否有遠超過我們的智慧的外星人，開發出可以自由穿越各種各樣的宇宙的ＵＦＯ，並且來攻擊我們。

如同我之前所提到的，如果這些外星人是住在「另一個宇宙」，這種可能性基本上是不存在的。根據當前的物理理論，生命體從另一個泡宇宙或膜宇宙來到我們的宇宙，基本上是不可能的。

如果這樣的情況存在，如果有比人類ＩＱ更高的生命體來到「我們的宇宙」的話，那唯一的可能性是，他們乘坐的是性能非常優越的（但無法超越光速的）飛行器來到我們居住的地球。

當然，這並不是說這種事情絕對不會發生。

但考慮到迄今為止我們沒有找到外星人造訪的任何證據，從常識來看，未來發生這種情況的可能性是極低的。

順便提一下，有人提出NASA（美國國家航空暨太空總署）已經發現了外星人證據，但刻意隱瞞這樣的說法，我認為這種說法可以被視為「荒誕無稽」。

事實上，NASA確實曾就UFO目擊事件發表過官方見解，但他們所說的UFO指的是「尚未確認來歷的飛行物體」，並不代表是外星人的交通工具。這些也可能是某人所操作的無人機，或者某個國家發射的某些物體。

無論如何，專家們普遍認為這些物體可能來自地球上的某個地方，而不是外太空。NASA自己也明確表示，沒有發現任何證據顯示UAP（不明空中現象／與UFO同義的詞語）來自地球以外。

總之，即使多重宇宙論是正確的，「外星人來攻擊我們」的可能性，並不會比沒有多重宇宙的情況更高。

所以，這樣的事情其實不需要過多擔心（就我個人來說，我更擔心的是人類之間的衝突）。

後記

藉由阿爾伯特・愛因斯坦等許多科學家的巨大貢獻，以及物理科學的爆發性發展，我們在20世紀終於獲得了「我們的宇宙」的詳細樣貌。

而正如本書所述，如今我們甚至正逐漸獲得一種超越該樣貌的觀點，即多重宇宙的世界觀，這正是從對「我們的宇宙」精密觀測與現代物理學理論中，自然而然導出的結論。

這個多重宇宙的宇宙學，已經不僅僅是模糊的概念，而是基於具體的圖像建立的科學理論。然而，另一方面，仍有許多未知之處，因此我和許多科學家們仍在日以繼夜奮力解開其中的謎團。

由於這還是個發展中的理論，未來的進展很可能會改變它的細節。更甚者，雖然我個人認為這種可能性很小，但理論或觀測上的發展也許有可能顛覆多重宇宙的存在。

無論如何，當未來有重大突破時，我會再寫一本新書。不過，假如將來你看到關於多重宇宙的新聞，請記得隨時更新自己對多重宇宙的理解。然而，即便是諾貝爾獎的獲獎的科學新聞，也不一定會引起所有人的共鳴，但我相信，讀過這本書的你們，至少會因為多重宇宙的新聞而感到興奮和驚奇。

當然，即使了解了多重宇宙的概念後，大家的生活不太可能因此發生劇變。但這不僅限於多重宇宙，畢竟也不是常有機會，能在日常生活中切實感知物理學的成果。

當然實際上，有很多部分是依賴於運用物理學的技術，但即便是地球是平的還是圓的，這一點對我們的日常判斷產生決定性影響的狀況並不多見。大多數情況下，最多也就是在搭飛機從日本飛往歐洲時，會考慮從反方向飛過去會比較近而已。

然而，得知自己過去不知道的事是很有趣的，這樣滿足知識好奇心的過程，對我們人類來說無疑是一大喜悅。因此，這種看似對今天的自己沒有什麼實際幫助的學習，並不是完全沒有價值的。至少對於讀了這本書的你們若也有這樣的感覺，對我這位作者以及做為理論物理學家來說，沒有比這個更開心的事了。

不過，最後我想說的是，「與廣大的宇宙相比，自己微不足道的煩惱根本可以丟到一邊」這樣的奇蹟，建議不需要抱有太大的期望。當然，如果在讀完這本書後你有這樣的感覺，那是非常美好的，只不過我自己並沒有達到那種心境。

我自己，和我周圍從事宇宙學的許多科學家們，也和你們一樣，承受著日常生活中的種種煩惱。

像多重宇宙這樣宏大的話題，讓我們意識到人類是多麼渺小。然而，我們每個人都在這個渺小的世界中奮力生存。

因此，儘管多重宇宙這樣壯大的理論會讓我們感到渺小，但如果能夠利用這些知識讓我們的渺小生活變得更加豐富和智慧，那會是非常美妙的事。

感謝你閱讀到這裡。

二〇二四年二月吉日

於美國加州家中

野村泰紀

中日英文對照表

中文	日文	英文
大霹靂	ビッグバン	Big Bang
中子	中性子	Neutron
尺度	スケール	Scale
仙女座星系	アンドロメダ銀河	Andromeda Galaxy
可證偽性	反証可能性	Falsifiability
平行宇宙	パラレルワールド,並行宇宙	Parallel universe, Parallel world
正子	陽電子	Positron
母宇宙	親宇宙	
永恆暴脹	永久インフレーション	Eternal inflation
全天圖	全天地図	
地平線問題	地平線問題, ホライズン問題	
多世界詮釋	多世界解釈	The many-worlds interpretation
多重宇宙	マルチバース	Multiverse
宇宙微波背景輻射	宇宙背景放射	Cosmic background radiation
早期宇宙	初期宇宙	Early universe
位能	ポテンシャルエネルギー	Potential energy
位數	桁	Digit,figure
希格斯玻色子平方質量	ヒッグスの二乗質量	
波函數	波動関数	Wave function
指數增長	指数関数的	Exponential growth
相變	相転移	Phase transition
哥白尼原則	コペルニクス原理	Copernican principle
狹義相對論	特殊相対性理論	Special relativity
真空能量	真空のエネルギー	Vacuum energy
基本粒子	素粒子	Elementary particle
都卜勒效應	ドップラー効果	Doppler effect
減速參數	減速パラメータ	Deceleration parameter
暗物質	ダークマター	Dark Matter
碎形	フラクタル	Fractal
電弱交互作用	ワインバーグ＝サラム理論	Electroweak interaction
慢滾暴脹	スローロールインフレーション	Slow-roll inflation
漲落	揺らぎ	Fluctuation
維度	次元	Dimension
緊緻化	コンパクト化	Compactification
廣義相對論	一般相対性理論	General theory of relativity
暴脹	インフレーション	Inflation
潘洛斯圖	ペンローズ図	Penrose diagram
膜宇宙	ブレーンワールド, 膜宇宙	Brane world
質子	陽子	Proton
額外維度	余剰次元	Extra dimensions
疊加態	重ね合わせ	Superposition principle

國家圖書館出版品預行編目（CIP）資料

多重宇宙 / 野村泰紀著 ; 林怡君譯. -- 初版. -- 臺北市 : 易博士文化, 城邦文化事業股份有限公司出版 : 英屬蓋曼群島商家庭傳媒股份有限公司城邦分公司發行, 2025.08
面； 公分
譯自 : 多元宇宙(マルチバース)論集中講義
ISBN 978-986-480-447-4(平裝)
1.CST: 宇宙論 2.CST: 理論物理學
323.9 114009537

DO5002

多重宇宙

原 著 書 名／多元宇宙（マルチバース）論集中講義
原 出 版 社／扶桑社
作 者／野村泰紀
譯 者／林怡君
責 任 編 輯／黃婉玉
總 編 輯／蕭麗媛

發 行 人／何飛鵬
出 版／易博士文化
城邦文化事業股份有限公司
台北市南港區昆陽街 16 號 4 樓
電話：(02) 2500-7008 傳真：(02) 2502-7676
E-mail：ct_easybooks@hmg.com.tw
發 行／英屬蓋曼群島商家庭傳媒股份有限公司城邦分公司
台北市南港區昆陽街 16 號 5 樓
書虫客服服務專線：(02) 2500-7718、2500-7719
服務時間：週一至週五上午 09:00-12:00；下午 13:30-17:00
24 小時傳真服務： (02) 2500-1990、2500-1991
讀者服務信箱：service@readingclub.com.tw
劃撥帳號：19863813
戶名：書虫股份有限公司
香 港 發 行 所／城邦（香港）出版集團有限公司
香港九龍土瓜灣土瓜灣道 86 號順聯工業大廈 6 樓 A 室
電話：(852) 2508-6231 傳真：(852) 2578-9337
電子信箱：hkcite@biznetvigator.com
馬 新 發 行 所／城邦（馬新）出版集團【Cite (M) Sdn. Bhd.】
41, Jalan Radin Anum, Bandar Baru Sri Petaling, 57000 Kuala Lumpur, Malaysia.
電話：(603) 90563833 傳真：(603) 90576622
E-mail：services@cite.my
視 覺 總 監／陳栩椿
美 術 編 輯／簡至成
封 面 構 成／簡至成
製 版 印 刷／卡樂彩色製版印刷有限公司

Original Japanese title: MULTIVERSE RON SHUCHUKOGI

Original Japanese edition published by FUSOSHA Publishing Inc.
Traditional Chinese translation rights arranged with FUSOSHA Publishing Inc.
through The English Agency (Japan) Ltd. and AMANN CO., LTD.

■ 2025 年 8 月 19 日 初版 1 刷
ISBN 978-986-480-447-4
定價 380 元 HK $ 127

城邦讀書花園
www.cite.com.tw

Printed in Taiwan